电波的旅行

王渝生　主编

中国大百科全书出版社

图书在版编目（CIP）数据

电波的旅行 / 王渝生主编. -- 北京 ： 中国大百科
全书出版社，2025. 1. -- ISBN 978-7-5202-1714-9

Ⅰ. TN011-49

中国国家版本馆CIP数据核字第20244JF033号

电波的旅行

出 版 人：刘祚臣

责任编辑：程忆涵

责任校对：杜晓冉

责任印制：李宝丰

排版制作：北京升创文化传播有限公司

中国大百科全书出版社出版发行

（地址：北京阜成门北大街17号　电话：88390718　邮政编码：100037）

唐山富达印务有限公司

开本：710毫米×1000毫米　1/16　印张：8　字数：100千字

2025年1月第1版　2025年1月第1次印刷

ISBN 978-7-5202-1714-9

定价：48.00元

编委会

前 言

　　《电波的旅行》以一种简洁的方式讲述了电磁学发展过程中的主要概念，以及由电磁波延伸，继续讲述波与电磁辐射的概念，包括声波、热辐射与光波的基本知识。

　　全书以条目形式进行编排，释文力求简明扼要、通俗易懂。标题一般为词或词组，释文一般依次由定义和定性叙述、简史、基本内容、插图等构成，依据条目的性质和知识内容的实际状况有所增减或调整。全书内容系统、信息丰富且易于阅读。为了使内容更加适合大众阅读，增加了不少插图，包括照片、线条图等，随文编排。

目　录

上篇

01　电磁学
02　电荷
02　电荷守恒定律
03　电量
03　自由电子
04　导体和绝缘体
04　半导体
06　晶体二极管
07　集成电路
08　超导体
09　静电感应
10　静电复印
10　雷电
11　尖端放电
12　电流
13　电路
13　电阻
14　欧姆定律
14　常用电路元件
15　电阻器
15　电位器
16　电容器
16　电流表和电压表
17　电功和电功率
18　焦耳定律
18　电源

19　电池
20　伏打电堆
21　蓄电池
21　燃料电池
22　发电
22　火力发电
23　水力发电
23　核能发电
24　风力发电
25　地热发电
25　发电机
26　直流电和交流电
26　高压输电线路
27　变压器
28　电灯
29　白炽灯
29　荧光灯
29　家庭安全用电
30　电动机
31　电梯
32　自动扶梯
32　磁场
33　磁体
34　指南针
35　电磁感应
36　感应电流

36　电磁铁
37　电磁波
37　电磁污染
38　雷达
39　无线电通信
39　短波通信
39　微波中继通信
40　卫星通信
40　电话机
41　对讲机
42　传真机
42　无线电广播
43　调幅和调频
43　收音机
44　电视
45　有线电视
45　液晶电视
47　录音机
48　立体声音响
48　电子琴
49　电子钟表
49　电磁炉
50　微波炉
50　助听器
51　探究课题
53　公式手册

下篇

59 声
60 声速
60 响度
60 次声波
61 超声波
61 录音
62 回声
62 回声定位
63 声呐
63 回音壁和三音石
64 圜丘
64 乐音和噪声
65 噪声污染
65 多普勒效应
66 声控
66 内能
67 比热容
67 热膨胀
67 热胀冷缩和热缩冷胀
68 热传递
68 采暖系统
69 火炉
70 火炕
70 物态变化
71 熔化和凝固
71 汽化和液化
71 升华和凝华
72 蒸发和沸腾
72 沸点
73 高压锅

73 温度
74 温度计
74 体温计
74 摄氏温度
75 热力学温标
76 绝对零度
76 热岛效应
76 热机
77 蒸汽机
77 蒸汽机车
79 内燃机
80 内燃机车
80 活塞式内燃机
81 汽车
82 电动汽车
82 世界方程式赛车锦标赛
83 摩托车
84 制冷机
84 电冰箱
85 分子动理论
85 扩散
86 表面张力
86 浸润和不浸润
87 毛细现象
87 自来水笔
87 光
88 红外线
89 红外线烤箱
89 紫外线
90 荧光效应

90 紫外线摄影
90 X 射线
91 零件探伤
92 放射病
92 光源
93 光速和光年
93 光的反射
94 全反射原理
94 平面镜
95 球面镜
96 太阳能灶
96 光的折射
96 海市蜃楼
97 光谱
98 三棱镜
98 光的色散
99 颜色
99 三原色
100 一次色
100 交通信号灯
100 透镜
101 实像与虚像
102 眼镜
102 光学显微镜
103 电子显微镜
104 扫描隧道显微镜
104 望远镜
105 天文望远镜
106 潜望镜
106 电影放映机
107 立体电影

107 数字照相机
107 激光
108 激光笔
109 激光武器
109 激光通信
109 全息照相
110 遥感
110 波谱特性
111 红外遥感
111 原子核物理学
112 粒子物理学
112 原子钟
112 核裂变
113 核聚变
114 核电站
114 量子理论
115 基本粒子
116 电子
116 放射性同位素
117 核磁共振
117 粒子加速器
117 对撞机
118 瓦特，J.
118 汤姆孙，J.J.
119 居里夫人
120 卢瑟福，E.
120 爱因斯坦，A.
121 玻尔，N.
121 查德威克，J.
122 费米，E.

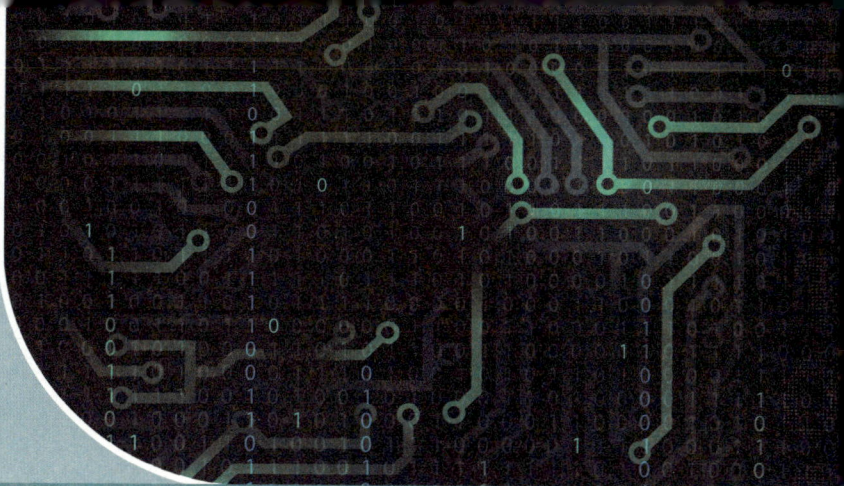

电磁学

　　电磁学是物理学的分支学科，主要研究电、磁和电磁相互作用现象及其规律和应用。根据近代物理学的观点，磁是由运动电荷所产生，因而在电学的范围内必然不同程度地包含有磁学的内容。

　　电磁学从原来互相独立的两门科学（电学、磁学）发展成为物理学中一个完整的分支学科，主要是基于两个重要的实验发现，即电的流动产生磁效应，而变化的磁场则产生电效应。这两个实验现象，加上J.C.麦克斯韦关于变化的电场产生磁场的假设，奠定了电磁学的理论体系，使得对现代文明产生重大影响的电工和电子技术得以发展。

麦克斯韦，J.C.
（1831-06-13 ～ 1879-11-05）
英国物理学家。麦克斯韦一生中最重要的贡献就是在 1864 年建立了麦克斯韦方程。它是一组描述电磁基本运动规律的方程。麦克斯韦从理论上预言有电磁波存在并预言它在真空中以光速传播。1887 年赫兹发现了电磁波，证实了麦克斯韦的预言，而后人们才得以发明无线电、雷达、电视等现代技术。

　　麦克斯韦电磁理论的重大意义，不仅在于这个理论支配着一切宏观电磁现象（包括静电、稳恒磁场、电磁感应、电路、电磁波等），而且在于它将光学现象统一在这个理论框架之内，深刻地影响了人们对物质世界的认识。

后来，电子的发现，使电磁学和原子与物质结构的理论结合了起来，H.A.洛伦兹的电子论把物质的宏观电磁性归结为原子中电子的效应，统一地解释了电、磁、光等现象。

电荷

自然界只存在两种电荷：正电荷和负电荷。同种电荷相互排斥，异种电荷相互吸引。用摩擦的方法可以使物体带电，用丝绸摩擦过的玻璃棒带正电荷，用毛皮摩擦过的硬橡胶棒带负电荷。发现了这样的规律，利用同种电荷相互排斥、异种电荷相互吸引的特性，就可以对所有物体所带的电荷进行正、负性判定。等量的正、负电荷相互吸引到一起并中和后，电荷量为零，对外不显电性。

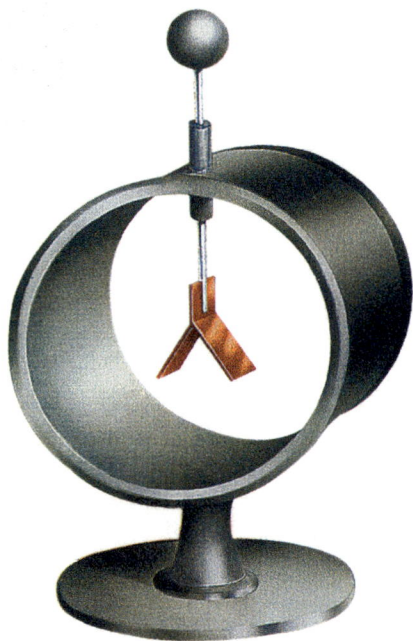

在同种电荷相互排斥实验中，当金属杆端的球体接触带电体时，这个验电器的两个薄金属叶片获得同样电荷，就会互相排斥而分开

电荷守恒定律

电荷的移动可以产生电现象，但是在任何电现象中电荷的总量不变，电荷是不能创生和消灭的。电荷守恒是物理学的基本定律之一，其内容是：一个孤立系统的电荷量不变，

即在任何时刻系统中的正电荷与负电荷的代数和保持不变。如果某处在一个物理过程中产生（或消失）了某种符号的电荷，那么必有等量的异号电荷伴随产生（或消失）；如果某一区域中的总电荷增加（或减少）一定量，那么必有等量的电荷进入（或离开）这一区域。

电量

物体带电的多少叫作电荷量，也叫电量。正电荷的电量用正数表示，负电荷的电量用负数表示。1881 年爱尔兰物理学家 G.J. 斯托尼提出"电子"这一名词。他依据法拉第电解定律，认为任何电荷都是由基元电荷组成，并给电荷的这一最小单位取名为电子。英国物理学家 J.J. 汤姆孙对阴极射线进行了深入研究，测定了阴极射线中带电粒子的荷质比。由于一系列成功的实验，他被科学界公认是电子的发现者。在国际单位制中电量的单位是库仑，简称库（C）。电子的电量为 -1.6×10^{-19}C，称为基本电量。电子是带有单位负电荷的一种基本粒子。

自由电子

原子是由原子核和核外绕核旋转的电子组成的。原子中离核较远的电子，如金属原子的最外层的电子，很容易挣脱原子核的束缚。这种电子在外电场的影响下，可移动宏观距离，所以称它为自由电子。金属导体中的自由电子浓度很大，每立方厘米约为 10^{22} 个，所以在外电场作用下做定向移动易形成较大电流，因此金属表现出良好的导电性。

束缚电荷　与自由电荷相反，如果电荷被紧密地束缚在局域位置上，不能作宏观距离移动，只能在原子范围内活动，这种电荷叫作束缚电荷。绝缘体内部，绝大多数的电荷为束缚电荷，缺少自由电子，所以导电能力差。理想的绝缘介质内部只有束缚电荷。

导体和绝缘体

善于传导电流的物质称为导体，如铜、银、铝和碱、酸、盐的水溶液。不善于传导电流的物质称为绝缘体，如常见的玻璃、橡胶、塑料等。

导体中存在大量可以自由移动的带电物质微粒，称为载流子。在外电场作用下，载流子做定向运动，形成明显的电流。金属是最常见的一类导体，其中的载流子是自由电子，金属中自由电子的浓度很大，所以金属导体的电导率通常比其他导体材料的大。电解质的水溶液及熔融电解质也是导体，其中的载流子是正负离子。电解液在通电过程中伴随着化学变化，因此它常应用于电化学工业（如电解提纯、电镀等），并被称为第二类导体。而导电过程中不引起化学变化，也没有显著物质转移的导体，如金属，被称为第一类导体。

导体和绝缘体的划分也不是绝对的。在通常情况下很好的绝缘体，当条件改变时也可以变为导体。如通常情况下的空气是不导电的，但潮湿的空气是导电的。

半导体

人们通常按导电能力的大小，将材料分为导体、半导体和绝缘体3种。半导体的导电能力介于导体和绝缘体之间。因为半导体内部用来导电的自由电子，既不像导体那么多，也不像绝缘体那么少。

常用的半导体材料有硅、锗、硒等。它们之所以能成为半导体，是因为它们的导电能力受掺杂、温度和光照的影响十分显著。例如，纯硅原子的最外层有4个电子，由于它们全被邻近的原子所吸引，无法在硅中自由运动，因而纯硅是绝缘体。如果在硅中添加一些磷作为杂质，由于磷原子外层有5个电子，其中4个电子被邻近的硅原子所吸引，多出的一个电子就成为在硅中自由运动的电子，这时的硅就能导电了。这种以自由电子导电的半导体，叫作电子型半导体。如果在纯硅中加入外层只有3个电子的硼原子或铟原子，它们就会从邻近的硅原子中吸引1个电子过来，结果就使硅原子表面形成一个带正电荷的空穴。带空穴的硅也能导电，叫作空穴型半导体。所以同一种半导体材料，可以做成两种类型的半导体，即电子型半导体(以符号N表示，也称N型半导体)和空穴型半导体(以符号P表示，也称P型半导体)。

用半导体可以制造二极管、三极管和集成电路等多种半导体元件。半导体元件有许多独特的功能，它具有单向导电性，即仅允许电流由一个方

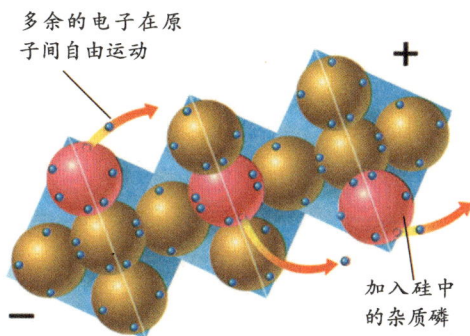

多余的电子在原子间自由运动

加入硅中的杂质磷

电子型（N型）半导体

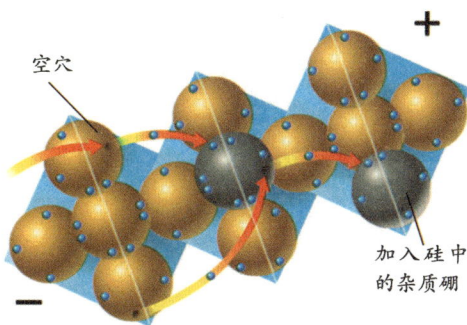

空穴

加入硅中的杂质硼

空穴型（P型）半导体

向通过元件。半导体三极管还可以用来放大电信号。在常用的电器中，如收音机、电视机、电脑等，都可以找到大量的半导体元件。在一片微小的半导体材料硅片上，可以放置几亿个晶体管、电阻等电子器件，它们构成了大规模、超大规模集成电路。电子计算机、彩色电视机、电子游戏机等多种电器，都采用了集成电路。一块

集成电路芯片甚至可完成彩色电视机所有电路的功能。半导体的出现和使用，为人类社会从工业时代进入信息时代打下了基础。

晶体二极管

晶体二极管是半导体集成电路中的主要元件。它的基本结构是由一块 P 型半导体和一块 N 型半导体结合在一起形成的 PN 结。在 PN 结的交接面处，P 型半导体中的空穴和 N 型半导体中的电子相互向对方扩散，形成一个具有空间电荷的偶极层，此偶极层阻止空穴和电子的继续扩散而使 PN 结达到平衡状态。当 PN 结的 P 型半导体一侧接电源的正极而另一端接负极时，空穴和电子都向偶极层流动使偶极层变薄，电流随外加电压很快上升。如果把电源的方向反过来接，则空穴和电子都背离偶极层流动使偶极层变厚，同时电流被限制在很小的饱和值内（称反向饱和电流）。因此，PN 结具有单向导电性。此外，PN 结的偶极层还起电容的作用，此电容随外加电压的变化而变化。在偶极层内部，电场很强。当外加电压达到一定阈值时，偶极层内部会发生雪崩击穿而使电流突然增加几个数量级。利用 PN 结的这个特性可制成各种类型的晶体二极管，用来产生、控制、接收、变换、放大信号和进行能量转换。

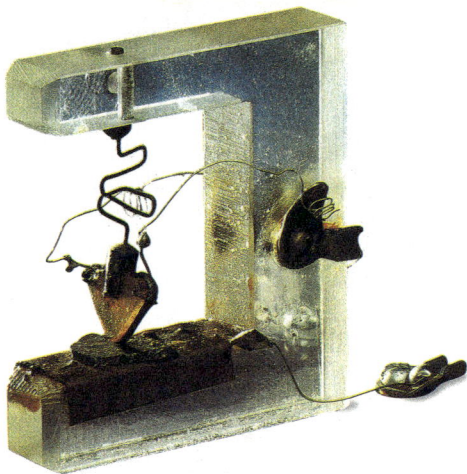

于 1947 年问世的世界上第一只晶体三极管高约 10 厘米，现代晶体管比它小 100 万倍

集成电路

集成电路是将晶体三极管、晶体二极管等有源元件和电阻器、电容器等无源元件，按照一定的电路关系"集成"在一块半导体单晶（主要是硅单晶）片上，以完成特定功能的电路或系统。

> **晶体三极管** 晶体三极管是由两个PN结构成的电子器件。其中一个PN结称为发射结，另一个称为集电结。两个结之间的一薄层半导体称为基区。接在发射结一端和集电结一端的两个电极分别称为发射极和集电极，接在基区上的电极称为基极。这类晶体管是双极型晶体管，有PNP型和NPN型两种。

这种集成电路与过去将各个电子元件分别封装，然后装配在一起的电路不同，不仅表现在外形体积更小、重量更轻，而且反映在制造工艺技术上，它的全部元件及其互连导线都在一系列特定工艺技术加工过程中完成，大大提高了电路性能的可靠性。原先几间房子那么大的电子计算机现在可以变成和书包差不多大，而功能却提高许多，依靠的就是集成电路。

半导体集成电路

集成电路发展很快，集成程度不断提高。一块硅芯片上（只有指甲大小）集成的元件数小于100个的称为小规模集成电路，100 ~ 1000 个元件集成的称为中规模集成电路，1000 ~ 100000 个元件的称为大规模集成电路，100000 个元件以上的称为超大规模集成电路。

集成电路是当前发展计算机等电子信息技术所必需的基础电子器件。20 世纪 90 年代以来，集成电路的集成程度以每年增加 1 倍的速度在增长。

在生产、生活的各个领域，超大规模集成电路都发挥出不可估量的作用。

超导体

某些物质在低温条件下呈现电阻等于零和排斥磁力线的性质，这种物质称为超导体。

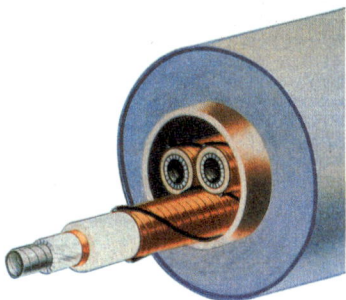

由超导体金属制造的高张力低阻电缆

1911年荷兰物理学家 H. 卡默林·昂内斯发现，当温度降低到 4.2K 附近时，汞样品的电阻突然降到零。不但纯汞，甚至汞和锡的合金也具有这种性质。他把这种性质称为超导电性。现已发现有 28 种元素、几千种合金和化合物是超导体。超导体的另一个特性是磁力线不能穿过它的体内，也就是说

卡默林·昂内斯，H.

（1853-09-21～1926-02-21）

荷兰低温物理学家。因制成液氦和发现超导现象，1913年获诺贝尔物理学奖。昂内斯最初相信开尔文的观点，即随着温度的降低，金属的电阻在达到一极小值后，会由于电子凝聚到金属原子上而变为无限大。1911年2月，他测量了金和铂在液氦温度下的电阻，发现在 4.3K 以下，铂的电阻保持为一常数，而不是通过一极小值后再增大。因此他改变了原来的看法，认为纯铂的电阻应在液氦温度下消失。

超导体处于超导态时，体内的磁场恒等于零。超导体的这种排斥磁力线的现象称为迈斯纳效应（理想抗磁性）。超导体由正常态转变为超导态的温度称为临界温度（T_c），大多数在 10K 以下。在 20 世纪 80 年代末，世界上掀起寻找高温超导材料的热潮，1986 年发现氧化物超导体，其临界温度超过了 125K，在这个温度区上，

超导体可以用廉价而丰富的液氮来冷却。此后，科学家不懈努力，在高压状态下把临界温度提高到 164K。20 世纪末，超导体在某些科学技术领域中开始进入实用阶段。

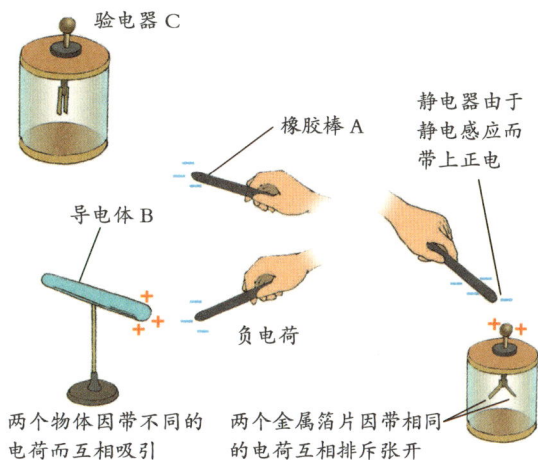

静电感应原理图

静电感应

将一种能导电的物体，放在一个带电体附近，这时靠近带电体的导电体表面，就会出现相反的电荷，这种现象就是静电感应。

我们可以用验电器、橡胶棒和导体做一个小实验来说明

静电除尘 利用静电消除烟气中的煤粉。其原理是利用带电的物体有吸引轻小物体的性质。静电除尘器由金属烟筒内壁和悬在烟筒中的金属线组成，金属线接到电源的正极，烟筒内壁接到电源的负极，它们之间有很强的电场，而且距内壁越近，场强越大。空气中的烟尘分子被强电场电离，成为电子和正离子。正离子向内壁运动被吸到内壁上，得电子又成为分子。电子向着正极运动的过程中，遇到烟气中的煤粉，使煤粉带负电，吸到正极上，最后在重力的作用下落入下面的漏斗中。

静电感应的基本原理。验电器 C 不带电时，金属箔片呈下垂状态。橡胶棒 A 是已带有负电荷的带电体。将导电体 B 靠近 A，由于静电感应，在 B 靠近 A 的一端就感应出了正电荷，于是 A 和 B 出现了相吸的现象。同理，再将 A 靠近验电器 C，由于 C 也是导电体，所以靠近 A 一端的 C 也带上了正电荷，而验电器 C 中的金属箔片就相应地带上了负电荷，两个带负电荷的金属箔片出现了同性排斥现象，所以金属箔片就张开了。利用静电感应现象可以使导体带电。静电复印、静电除

尘等，都是利用静电感应原理工作的。

静电复印

复印机是用静电感应原理制成的办公设备。在复印机中有一个重要的部件叫硒鼓，它是由铝质滚筒表面镀半导体硒制成的。半导体硒在无光照时是很好的绝缘体，能保持电荷，受到光照立即变成导体，将所带电荷导走。当复印机工作时，给硒鼓充电，使其表面带正电荷。利用光学系统将原稿上的字迹成像于硒鼓上，即曝光。有文字的地方保持着正电荷，其他地方受到光照，正电荷被导走。硒鼓上有了静电潜像（带正电部分），如果墨粉带负电，它会被静电潜像吸引，使静电潜像带上墨粉。转印电极可以使输纸机的纸带正电，这样纸与带墨的静电潜像接触就在纸上生成复印件。

雷电

雷电的本质是自然界中一种大规模的火花放电。在通常

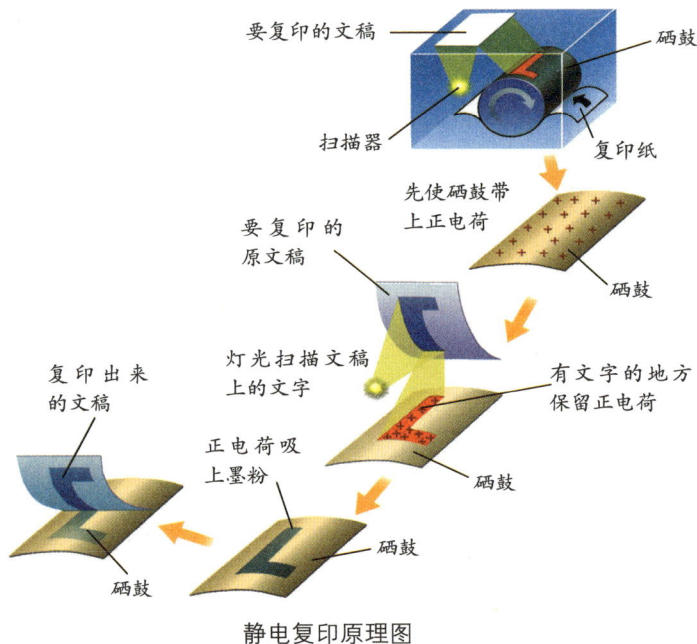

要复印的文稿
硒鼓
扫描器
复印纸
先使硒鼓带上正电荷
硒鼓
要复印的原文稿
灯光扫描文稿上的文字
有文字的地方保留正电荷
硒鼓
复印出来的文稿
正电荷吸上墨粉
硒鼓
硒鼓

静电复印原理图

的气压下，当在比较平坦的冷电极间加高电压时，若电源供给的功率不太大，则在强电场下气体被击穿，伴随有火花和爆裂声，这就是火花放电。由于气体被击穿后电流强度猛增而电源功率不够，电压随即下降，放电暂时熄灭，电压恢复后又继续放电，因此火花放电具有间歇性。

利用长时间曝光法拍摄的闪电照片

云层之间的摩擦、水滴冰粒上升过程中的摩擦都会使云层带电。带电量越大，云层间的电压越高。当电压高到一定程度时，就会击穿云层间的空气，形成火花放电，产生雷电。

尖端放电

放电有多种形式。冷电极间的高压可以使电极间的空气被击穿产生火花放电；如果是在强电场下电极间的空气被电离，会形成另一种放电形式，就是尖端放电。

电荷在导体表面的分布与导体表面的弯曲程度有关。导体表面比较平坦的地方，电荷的分布比较稀疏，导体表面附近的电场比较弱；导体表面凸出和尖锐的地方，电荷的分布比较密集，导体表面附近的电场比较强。空气中的残留离子在尖端附近的强电场作用下发生剧烈运动，与空气中的气体分子碰撞，使空气中的气体分子电离，产生的大量与导体尖端同种电荷的离子被排斥远离尖端；与导体尖端异种电荷的离子被吸引，与尖端上的电荷中和，相当于导体尖端失去电荷，这样会发生尖端放电。利用尖端放电可以进行金属的焊接和制作避雷针。

避雷针　带电云层接近地面时由于静电感应使地面物体出现异种电荷，并且密集在凸出的物体上。电荷累积到一定程度，带电云层和凸出物体之间发生强烈的放电，形成雷电，对人身和建筑物可能造成伤害。避雷针是一个金属的尖端导体，安装在建筑物顶端，用粗导线与埋在地下的金属板连接，与大地良好接触。通过避雷针可以不断地放电，避免电荷大量积累，防止强烈的火花放电，避免建筑物和人员受到雷击。

定向避雷针

电流

　　电荷的定向流动就是电流。人们规定正电荷移动的方向为电流的方向。在电源外部的电路中，电流的方向是从电源正极出发经用电器回到电源负极。电流的强弱有所不同，这种强弱可用物理量表示：通过导体横截面的电荷量 q 跟通过这些电荷量所用时间 t 的比值为电流。用 I 表示电流，则有：$I = q/t$。

　　在国际单位制中电流的单位是安培，简称安，符号是 A。如果在 1 秒的时间内通过导体横截面的电荷量是 1 库仑，导体中的电流就是 1 安培。

　　方向不随时间而改变的电流叫直流电流，简称直流电。方向和强弱都不随时间而改变的电流叫作恒定电流。通常所说的直流电常常是指恒定电流。方向随时间而改变的电流叫交流电流，简称交流电。我们平时家里电器用的电都是交流电。此外，电流还具有热效应、磁效应、化学效应。

电路

用导体把离散的电源、电阻器、电容器、电感器以及其他电器件或设备连接起来，构成电流的通路，叫电路。各离散的器件或设备概称电路元件。大至全国的电力网，小至计算器中的基片，都是实际的电路。用符号表示电源、用电器、开关、仪表等电路元件，再用线条把它们连接起来构成的线路图就是电路图。

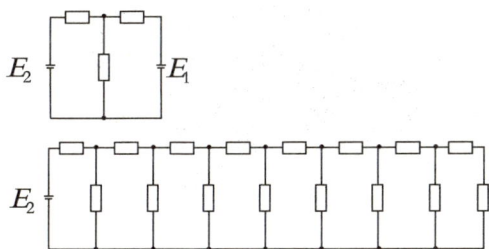

简单电路和复杂电路图

如果两个用电器首尾相连，然后接到电路中，就说这两个用电器是串联的；如果把两个用电器的两端分别连在一起，然后接到电路中，就说这两个用电器是并联的。

电阻

导体对电流的阻碍作用叫电阻。一个导体对电流阻碍作用的大小，是由导体本身决定的，与外界因素无关。实验表明，导体对电流的阻碍作用大小与导体的长度 l 成正比，与它的横截面积 S 成反比。如果用 R 表示电阻，则有：$R = \rho l/S$。

上式称为电阻定律。式中的比例常量 ρ 跟导体的材料有关，是一个反映材料导电性能的物理量，称为材料的电阻率。横截面积和长度都相同的不同材料的导体，ρ 值越大，电阻越大。当 $l = 1$ 米，$S = 1$ 米^2 时，ρ 的数值等于电阻 R 的值。

各种材料的电阻率不同，且都随温度而变化。许多金属的电阻率随温度的升高而增大。电阻温度计就是利用金属的电阻随温度变化的性能制成的。

欧姆定律

欧姆定律是电学的基本实验定律之一，其表述为：通过导体的电流 I 与其两端之间的电压 U 成正比，比值为导体的电阻 R。欧姆定律适用于金属，也适用于导电的溶液（如酸、碱、盐的水溶液）。电路理论中把适用于欧姆定律的电阻称为线性电阻。欧姆定律的数学表达式为：$I = U/R$。

欧姆，G.S.

（1787-03-16 ~ 1854-07-06）

德国物理学家。欧姆最重要的贡献是建立电路定律。他还设计了利用电流通过导线的磁效应引起磁针偏转而显示电流大小的仪器，用来研究电流与导线长度的关系。1826 年，他总结出关系式 $X = A/L$，式中 A 为导体两端的电势差，L 为电阻，X 表示通过 L 的电流强度。此式就是现在的欧姆定律。为了纪念欧姆在电学方面的贡献，人们把电阻的单位命名为 "欧姆"。

包括电源在内的闭合电路称为全电路，其电流强度 I 和电源的总电动势 E、电源内电阻 r 及外电路总电阻 R 的关系用下式表示：$I = E/(R+r)$。

这一公式所描述的是全电路欧姆定律，而称前一个公式所描述的欧姆定律为部分电路的欧姆定律。

在欧姆的实验装置中，悬挂着的磁针可指示电流的大小

常用电路元件

最常用的电路元件有电阻器、电容器、电感器等。它们对电流的控制作用不同：电阻器对直流电、交流电都有阻碍作用；电容器对直流电有隔断

作用，对交流电的阻碍作用与交流电的频率有关，频率越高阻碍作用越小；电感器对直流电没有阻碍作用，对交流电的阻碍作用与交流电的频率有关，频率越低阻碍作用越小。

和不遵循欧姆定律的非线性电阻（伏安特性曲线不为直线），还可以按材料分为若干种电阻器。电阻器种类繁多，用途广泛。

> **光敏电阻与热敏电阻** 光敏电阻是利用一些半导体受光照后显著改变导电性能的特性制成的器件。在半导体两端镀上电极就构成了光敏电阻。光敏电阻可以起到开关的作用，在需要对光照有灵敏反应的自动控制设备中广泛应用。
>
> 热敏电阻是根据导体电阻随温度变化的特性制成的器件。它能将温度变化转化为电信号，测量这种电信号就可以知道温度的变化情况。

电阻器　　　　电容器

电阻器

利用导体的电阻对电流有阻碍作用的性质制成的电路元件叫电阻器，可用于控制电流的大小和实现电能向内能的转换。电阻器的种类按阻值可分为定值电阻、可变电阻；按功能可分为热敏电阻、光敏电阻等；按欧姆定律又可分为遵循欧姆定律的线性电阻（伏安特性曲线为过坐标原点的直线）

电位器

电位器是一种常见的用作可连续调节的分压器和可变电阻器。一般有 3 个接线头，其中两个固定在两端并接于电路中，一个在中间接于活动的接触臂。转动接触臂，就能调节臂与任何一固定端的电阻，从而调节臂与该端的电压。这样可以用来控制与电压有关的电器，如电热器的温度调节、灯光的明暗调节。

电容器

电容器是贮存电荷的容器。一对互相绝缘的导体构成一个电容器，这对导体则被称为该电容器的两个极。电容器的两个极上贮存等量的、电性相反的电荷，两极间则充满绝缘介质。

电容是描述电容器容纳电荷性能的物理量，用符号 C 表示，单位是法拉（F）。电容的大小取决于两导体的形状、大小、相对位置及导体间的绝缘介质。把电压 U 接到电容器的一对极板上，它们得到的大小相等、符号相反的电荷电量为 Q，两导体间的电势差 $U_A - U_B = U$，则有关系式为：$C = Q/U$。

电容器种类繁多，用途各异。大型的电力电容器主要用于提高用电设备的功率因数，以减少输电损失和充分发挥电力设备的效率。电子学中广泛采用电容器，以提供交流旁路稳定电压，用作级间耦合，以及用作滤波器、移相器、振荡器等。

电流表和电压表

电流表是测定电流强弱的仪表，又称安培表。按照其测量范围的大小可分为微安表、毫安表和安培表。电流表的主要结构是：在很强的磁体之间固定一个可以绕轴转动的线圈。其工作原理是：当有电流通过线圈时，由于磁场对通电线圈的磁力矩和固定在线圈轴上游丝的回复力矩的作用，使线圈发生一定的偏转，固定在线圈上的指针就在标尺上指出待测电流的大小。使用电流表时必须和待测电路串联，一般可直接测量微安或毫安数量级的电流。为扩大电流表的测量范围，电流表需要并联电阻器（又称分流器）。对于几安的电流，可在电流表内设置专用分流器；对于几安以上的电流，则采用外附分流器，大电流分流器的电阻值很小。

电流表所能测量电流的最大范围，即它的满刻度电流称电流表的量程。如果通过的电流超过允许值，就会把指针碰弯，甚至把电流表烧坏。因此，使用时要注意表的量程。

MF-16 万用表

电压表是测量电路两端电压的仪表，又称伏特表。电流表的电阻一旦确定，所有通过电流表的电流与其两端的电压成正比。知道了电流值，也就可以间接知道电压值，但这个

电压是受电流表最大电流限制的，而在实际测量中往往要测量大大超过电流表允许的电压，所以将一个阻值大的分压电阻串联在电流表上，就把电流表改装成了电压表。电压表必须与被测电路并联在一起使用。由于电压表的电阻很大，可以认为是断路，对被测电路影响很小。

> **万用电表**　万用电表又称多用电表，是一种测量电流、电压、电阻等电器参量的小型可携带式仪表。它的特点是量程多、用途广。一般的万用表可以用来测量直流电流、直流电压、交流电压、电阻和二极管、三极管等。它由磁电系仪表、选择开关和测量电路等部分组成。通过选择开关的变换可以方便地测量各种量值。

电功和电功率

电功是电流做功的简称。电流是在电场力作用下，自由电荷发生定向移动形成的。显然电场力对自由电荷做功，就是电流在这段电路上做功。设一段电路两端的电压为 U，通过的电流为 I，在时间 t 内电流

所做的功为 W，则：$W = UIt$。在国际单位制中，电功的单位是焦耳（J）。

在微观粒子的计算中，还有一个常用的电功的单位是电子伏特（eV）。它的意义是：电场力使 1 个电子在电场中两点间移动，如果这两点间的电压是 1 伏，则电场力所做的功是 1 电子伏特。1 电子伏特等于 1.6×10^{-19} 焦耳。

电流做功意味着电能转化为其他形式的能。单位时间内电流所做的功，叫作电功率，用 P 表示，则有：$P = W/t = UI$。电功率的单位是瓦特（W）。1 瓦特表示在 1 秒内电流做了 1 焦耳的功。

电器的额定功率是指电器在正常工作时所消耗（或发出）的功率。在这个功率下电器或元件可以长时间工作。电器只有在额定电压下才能发出额定功率。如果所加电压大于额定电压，则电器的实际功率大于额定功率，这样的状态不可时间太长，否则电器会损坏。如果所加电压小于额定电压，则电器不能发挥设计功率，会造成浪费。

焦耳定律

焦耳定律是定量说明传导电流将电能转换为热能的定律，它是由 J.P. 焦耳在 1840 年根据实验结果提出的。

焦耳定律指出：电流通过导体时产生的热量 Q（称为焦耳热）与电流 I 的平方、导体电阻 R 和通电时间 t 成正比。采用国际单位制时，其表达式为 $Q = I^2Rt$。它是设计电路照明、电热设备、计算各种电气设备温升的重要公式。

电源

物理学中把对电路提供电能的装置称为电源。它可以把化学能、机械能、热能、光能、核能等直接转化为电能。

在电源内部由非静电力对正电荷做功，将正电荷从电源的负极移到电源的正极。过程中不同的电源对正电荷所做的功是不同的，对单位正电荷做功多的电源，即是将其他形式能转化为电能的本领强的电源。可以用物理量电源电动势 E 表征这一性能，它是标量，单位为伏特（V）。电源电动势与外电路的性质以及是否接通都没有关系。电源内部的电路称为内电路，在内电路上也有电阻，称为内电阻，用 r 表示。在高中阶段认为电源电动势 E、内电阻 r 是不变量。在电源的工作过程中电源一方面对电路提供电能，另一方面由于内电阻的存在，电源内部不可避免地消耗一些能量。电源转化的功率为 IE，电源内部消耗的功率为 I^2r，电源的输出功率为 IU（U 为电源两端的电压），则有下面关系式：$IE = IU + I^2r$。如果两边同时除以 I，则有 $E = U + Ir$。说明电源电动势在数值上等于外电压与内电压之和。

不同的用电器对电源的要求不同，为适应这些要求，人们制作出不同的电源，如交流电源、直流电源、稳压电源、可调电源等。

电池

电池是把化学能、光能、热能等直接转换为电能的装置。如化学电池、太阳能电池、温差电池等。

实用的化学电池可以分成两个基本类型：一次电池与二次电池。一次电池制成后可以产生电流，但放电完毕即被废弃；二次电池又称蓄电池（充电电池），使用前须先进行充电，充电后可放电使用，放电完毕后还可以反复充电再用。

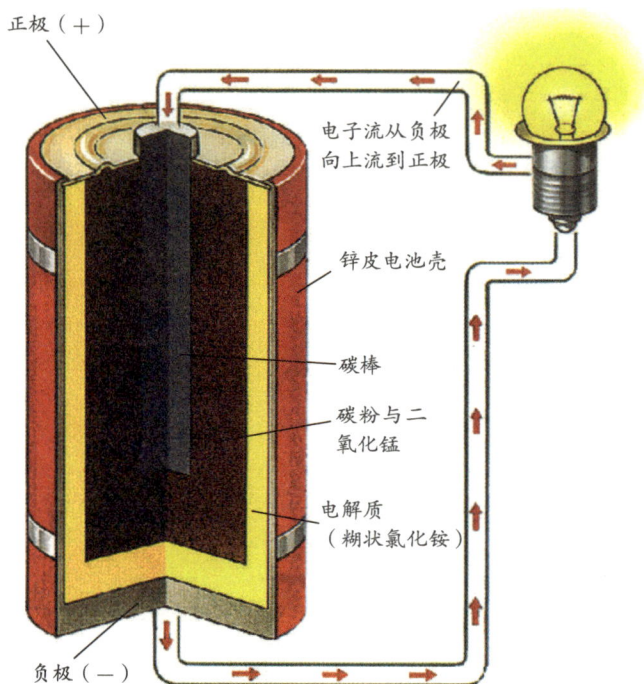

电池中的化学反应使电子从负极流出，通过用电器，流回到正极。电池的作用就像一个电子泵，迫使电子在导体中流动

蓄电池充电时，电能转换成化学能；放电时，化学能转换成电能。

伏打电堆

1792 年，意大利科学家A.伏打提出：电流是由两种不同金属插在一定的溶液内并构成回路时产生的。基于这一思想，1799 年他制造了第一个能产生持续电流的化学电池。

水果电池 取用身边的材料，应用伏打电池的原理，能做成一个电池吗？没问题，果汁、蔬菜汁就是一种电解质，利用它们就可以做成电池。

把铜片和铝片分别插在同一水果（或蔬菜）的不同部位，如柠檬、西红柿等，就制成了一个水果电池，两个金属片就是电池的两个电极。这样的电池产生的电很微弱，只有通过电流表测量才能直观看到。如果将几个这样的电池并联，就可以点亮小电珠，这是一个特别有趣味的电池。

一对大小相同的银片、锌

片，在它们的中间夹一张用盐水浸泡过的硬纸板，就构成了能产生电流的最简单的电池，不过这种电流是十分微弱的。为增大电流，伏打设想了"垒"的办法。他制成的装置为一系列按同样顺序叠起来的银片、盐水浸泡过的硬纸板、锌片组成的柱体，叫作"伏打电堆"。当导线连接两端的导体时，导线中产生了持续电流。

伏打电堆和伏打电池在此后的一段时间中成为产生电流的唯一手段，它们的发明和运用开拓了电学的研究领域。

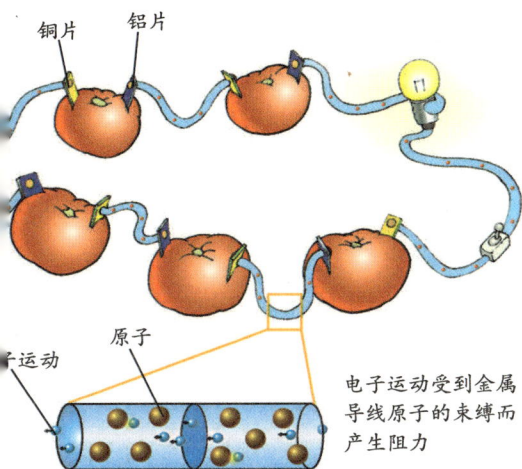

铜片　铝片

原子

子运动

电子运动受到金属导线原子的束缚而产生阻力

蓄电池

蓄电池种类很多，如铅蓄电池（酸性）、铁镍蓄电池（碱性）、镍镉蓄电池、银锌蓄电池（碱性）、锂离子电池、聚合物锂电池、镍氢电池等。共同的特点是可以经历多次充电、放电循环，反复使用。汽车蓄电池可以随时放电、充电。当用电器开启时蓄电池放电，汽车在运行时又有发电机对蓄电池充电。这样反复进行，故我们很少看到司机专门给车上的蓄电池充电。

最常用的蓄电池是铅蓄电池，它的极板是铅合金制成的格栅，电解液为稀硫酸，两极板均覆盖有硫酸铅。它的电动势约为2伏，优点是放电时电动势较稳定，缺点是笨重，对环境腐蚀性强。

燃料电池

燃料电池又称为连续电

21

池，一般以天然燃料或其他可燃性物质如氢、甲醇、煤气等与空气中的氧或纯氧作为反应物质。燃料电池不像热电厂那样将燃烧产生的热能转变为机械能再带动发电机发电，而是直接将化学能转变为电能，所以具有能源利用效率高、可常温工作、环境污染小等优点。燃料电池在宇航工业中发挥了巨大作用。燃料电池的民用开发成为了一个热点，尤其是世界各大汽车公司都在竞相开发可供商业化应用的燃料动力电池汽车。燃料电池的开发和应用具有非常好的前景。

发电

发电就是用其他各种形式的能，如化学能、水能、风能、原子能、太阳能等，通过一定装置去推动发电机产生电能的过程。

世界上主要的发电方法是火力发电、水力发电、风力发电、地热发电、核能发电。火力发电中的化石燃料发电是主要的发电形式，但因地球上的化石燃料日渐枯竭，有些地方已开始运用太阳能和海洋潮汐能发电。科学家们还在研究氢能发电、磁流体发电等新方法。此外制造先进的发电机至关重要。

火力发电

燃烧煤、石油等燃料把水变成蒸汽，再用蒸汽使汽轮机旋转，推动发电机发电的过程。从全世界范围来看用得最多的发电方法就是火力发电。建造火力发电厂所需投资较少，花费时间较短，但建成后需要不断运送燃料，还存在热效率低、烟尘污染等问题，人们正在努力寻找解决的方法。

世界上第一座火力发电厂于1875年在法国巴黎建成，中国第一座火力发电厂于1882年在上海建造。

从能量的转化来看，火力发电是将燃料的内能转化为电能的过程。

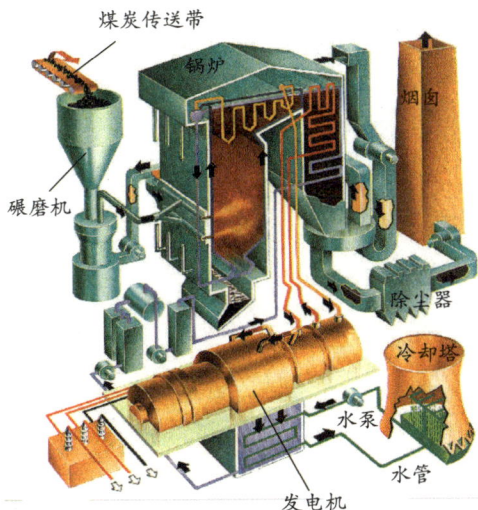

燃煤火力发电厂的发电流程

水力发电

水力发电是利用水力推动水轮机，水轮机再带动发电机来发电的过程。水电站需要建造高大的堤坝蓄水，投资大，花费时间也长，但建成后运行管理和发电成本比燃煤电站低，可以长久使用，还可以解决防洪、灌溉等各种水利问题。

世界第一座水力发电站于

1878年在德国建成，中国第一座水力发电站于1912年建成。中国的许多江河上都已经建造水电站。其中，最大的是长江三峡水利枢纽。

从能量的转化来看，水力发电是将水的机械能转化为电能的过程。

核能发电

核能发电是用核反应堆将原子能先转变为热能，把水加热变成蒸汽推动发电机发电的过程。在核反应中1个核子释放的能量是1个碳原子在燃烧过程中释放的能量的数十万倍。所以，核能发电消耗的燃料与火力发电相比非常少，而且没有烟尘污染，但必须建造可靠的保障装置防止放射性污染。

世界上第一座核电站是1954年在苏联建成的。中国已经建造了秦山核电站、大亚湾

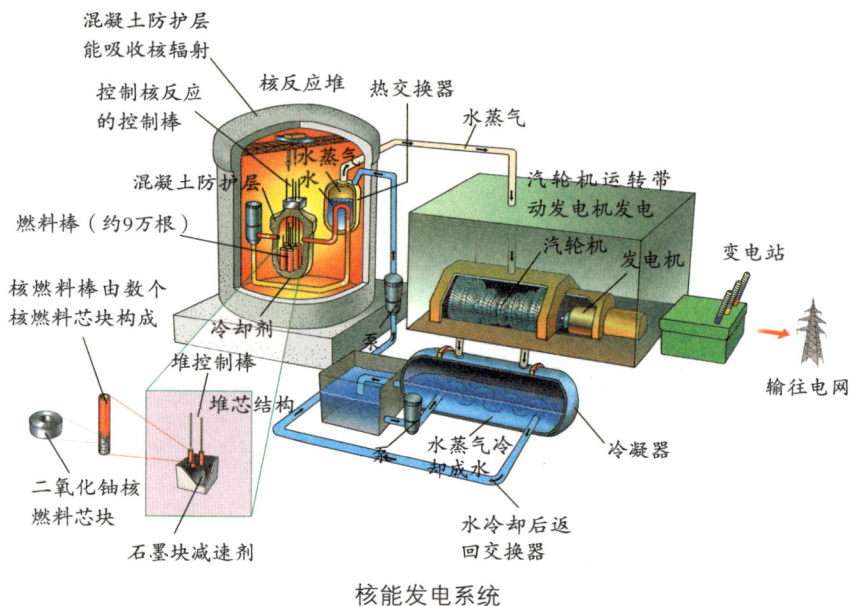

混凝土防护层
能吸收核辐射

控制核反应
的控制棒

核反应堆　热交换器

水蒸气

混凝土防护层

水蒸气
水

汽轮机运转带
动发电机发电

燃料棒（约9万根）

汽轮机　发电机

变电站

核燃料棒由数个
核燃料芯块构成

冷却剂

泵

堆控制棒

堆芯结构

输往电网

二氧化铀核
燃料芯块

水蒸气冷
却成水

冷凝器

石墨块减速剂

水冷却后返
回交换器

核能发电系统

核电站等大型核电站。

　　从能量的转化来看，核能发电是将原子核能转化为电能的过程。

风力发电

　　利用风能驱动风轮机以带动发电机发电的过程。风是一种永不枯竭的能源。地球上的风能大大超过水流的能量，也大于固体燃料和液体燃料能量的总和。

　　在能源紧缺的今天，风力发电受到了各国的重视。风力发电的设备要比火力发电、水力发电简单，但是风力的大小和连续性受自然条件限制。设备简单、无污染是风力发电的最大优点。

风力发电机

从能量的转化来看，风力发电是将风能转化为电能的过程。

地热发电

利用地热能进行发电的过程。地热发电和火力发电的原理一样，都是将蒸汽的内能在汽轮机中转变为机械能，然后带动发电机发电。根据地热流体类型的不同，地热发电方式基本上可分为两大类，即地热蒸汽发电与地下热水发电。

在地球内部，由于放射性元素在衰变时不断地放出大量热，所以形成了许多地下高温岩浆和热泉。我们称之为地热资源。中国的地热资源十分丰富，已经发现的天然温泉就有2000处以上，温度大多在60℃以上，个别地方达100～140℃。在西藏、云南等省区还发现了地热湿蒸汽田。

中国最为著名的地热电站是西藏羊八井地热电站。

发电机

将机械能转化为电能的机械。主要由转子和定子两个部分组成。定子是固定不动的部分，由电磁铁构成，用于产生磁场；转子可以转动，由线圈构成。转子与外部动力机相连接。当人们利用其他能源产生的力带动转子转动时，线圈就在磁场中切割磁力线，不断地产生出电流。实际使用的发电机常用电磁铁作转子，用线圈作定子，功能是一样的。根据设计，发电机可以发出交流电，也可以发出直流电。

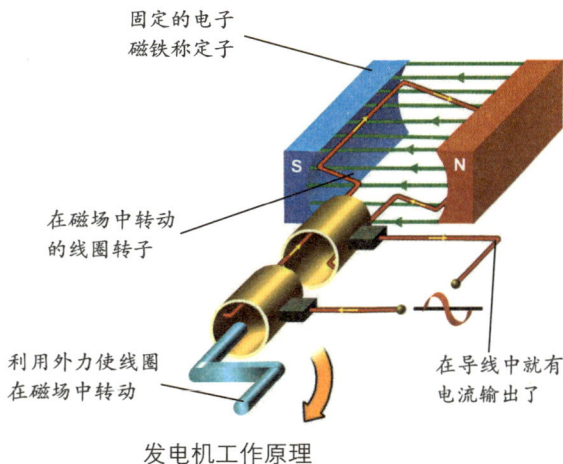

固定的电子磁铁称定子

在磁场中转动的线圈转子

利用外力使线圈在磁场中转动

在导线中就有电流输出了

发电机工作原理

直流电和交流电

电流的方向不随时间而改变的电流叫直流电。可分为两种，一种是电流方向和电流强弱都不随时间变化的直流电，称为稳恒电流；另一种是电流的方向不随时间而改变，而电流的强弱可以随时间改变，而且每次变化的时间相同，称为脉动直流电流，简称脉动电流。直流电可以由各种电池、直流发电机产生。直流电主要应用于各种电子仪器、电解、电镀、直流电力拖动等方面。

大小和方向都随时间做周期性变化的电流叫交流电。交流电每次流动方向变化的时间间隔都是一样的。在电学上把每次变化的时间间隔叫周期，而把 1 秒内变化的次数叫频率。19 世纪 30 年代人们发现交流电。由于交流电可以利用变压器方便地改变电压，运用高压输电线路输送可以大大降低输电线路上的能量损失，所以得到广泛应用。中国使用的交流电的频率是 50 赫兹，有些国家使用的是 60 赫兹。交流电一般是由交流发电机提供的。

整流器 因为交流电便于传送，所以人们可以方便地使用交流电，但是许多用电器需要直流电，这时就要对交流电进行整流。整流就是将交流电变为直流电的过程。将交流电变为直流电的装置叫整流器。从所用的主要器件分有二极管整流器、可控硅整流器等。从整流的效果分有全波整流器、半波整流器等。

高压输电线路

电流经过导线时的损失不仅与电线的导电能力有关，还和通过导线的电流有关。电流越大，损失越严重。从电功率与电流、电压的关系式 $P = IU$，人们认识到，升高电压减小电流，可以减少输电过程中的电能损失。于是人们采取了用很高的电压输送电能的方法，这样既保证了有足够的电能输送出去，又不会有很大的电流通过导线，避免电能的过多损失。电压越高，能把越多的电能输送到更远的地方。所以，在远距离输电线路上，一般有很高的电压。

发电厂发出电以后，先要把电压大幅度提高后再经过高压输电线路输送。如果是交流电，要用变压器来提高电压；如果是直流电，需要用特殊的设备来提高电压。一般称 220 千伏及以下的输电电压为高压输电，330 ~ 765 千伏的输电电压为超高压输电，1000 千伏及以上的输电电压为特高压输电。高压输电线路可以是架在地面上的高大的铁塔和电线，也可以是埋在地面下的电缆。在经过高压输电线路时要特别注意安全。当电输送到用电的地方后，还要经过降压才能使用。

变压器

一种根据电磁感应定律变换交流电压、电流的装置，它可以根据人们的要求改变交流电的电压，在电的使用中发挥着巨大的作用。变压器是在 19 世纪出现的，1851 年俄国人列姆勒夫发明感应线圈，这是变压器的雏形，到 1883 年，实用的变压器面世。今天人们已经能够根据需要制造出不同大小、形状、性能的变压器。

高压输电线路中的超高压大型变压器

最常用的变压器是由闭合铁芯和绕组构成的。铁芯由硅钢片制成，绕组是由导线在铁芯上一圈一圈绕成的，可以有

1个或几个绕组。绕组的两端就是变压器的输入和输出部分。根据变压器输入与输出电压的比较，变压器可分成升压变压器和降压变压器。使用时应当注意变压器对输入电压的要求。

此外，变压器不能改变直流电的电压，如果不小心把变压器直接与直流电源（如电池）相连就会造成事故，一定要注意防止这种事故发生。

它是靠电池来供电的，很不实用。后来，有很多人努力研究想制造出更好的电灯，其中美国发明家 T.A. 爱迪生为造出实用的电灯做出了重要贡献。现在，已有许多种类的电灯供人们在各种场合使用，家庭中常用的是白炽灯和荧光灯。

人们还在研究效率更高的节能灯，它能把绝大部分电能都转换成光能，可以大大减少

电灯

早在 1809 年，英国人 H. 戴维就发明了最早的电弧光灯。

1883 年美国印第安纳波利斯城点燃了第一盏电弧光灯

爱迪生，T.A.

（1847-02-11 ~ 1931-10-18）
美国发明家。1879 年 10 月，他用炭丝做成白炽灯。1882 年爱迪生在纽约建立了第一座发电站，从此人们的夜间生活一片光明。1888 年他发明了电影摄影机，大大丰富了人们的文化生活。经过了十几年 5 万多次的实验，1909 年他发明的碱性蓄电池问世了……爱迪生一生完成了 2000 多项发明，人们称这位伟大的发明家是天才，但爱迪生说"天才，就是百分之一的灵感，百分之九十九的血汗"。

耗电量，达到节能目的。

白炽灯

把钨丝制成的灯丝密封在球形玻璃灯泡里的电灯。灯泡中抽成真空或充以特殊的气体保护灯丝。当电流通过灯丝时，使灯丝达到非常高的温度而放出光来。白炽灯只把少量的电能转化为光能，其余的以热辐射形式放出，因而效率不高。但白炽灯有益于视力保护。

荧光灯

俗称"日光灯"。荧光灯的玻璃灯管中充入了少量水银蒸气和惰性气体，灯管内壁涂有荧光粉。通电后，水银蒸气在电场的作用下发射出紫外线，荧光粉吸收紫外线就放出很接近日光的可见光。荧光灯的效率比白炽灯高，因此比同样功率的白炽灯要亮得多。但是，日光灯发生的冷荧光带灰蓝色调，在这种光线下，书本上的文字图案缺乏鲜明的轮廓，容易导致阅读者眼睛疲劳，久而久之，可能诱发近视或加深近视程度。

家庭安全用电

电给人们的生活带来方便，但使用不当就会发生事故，造成人身伤害和财产损失，因此必须认真注意用电安全。

通常电都送到各式各样的插座上，要用电时插上插头就行了。有的插座有两个插孔，分别接着两条线。一条叫"火线"，电流就从这条线传送过来；另一条叫"零线"，上面没有电，是让电流走的回路。还有的插座有 3 个插孔，上面除了接着火线和零线外，还接有一根地线，是起保护作用的。与不同插座配合有不同的插头，在使用时应当用相互对应的插头和插座。

只有把电器（如电视、电

灯）分别与火线、零线相连，使电流从火线进入电器，再由零线流走，电器才能工作。此时，电路是接通的。如果在火线、零线或者电器内部有中断的地方，不能形成流动的电流，电器就不会工作。这时，电路是断开的，叫断路。如果把火线和零线直接连通，电流不经过用电器就会发生短路。也有时电器内部分电路会发生短路。短路会引起严重的事故，如烧毁电器或引起火灾等，要避免出现短路。

随着生活水平的提高，越来越多的电器走入家庭，对电的需要量也越来越大，进入各家各户的电流强度也越来越大。电流在电线和用电器中流过时会产生热量，当电线较细而电流较大时，产生的热量就可能烧坏电线，甚至引起火灾。当使用功率很大的电器，如空调、微波炉，或有很多电器同时使用时，就要注意线路是否能承受这样大的电流。

家庭电路中为了保证安全，都配有保险丝。保险丝是用熔点很低的金属制成的一段导线。它接在线路上，当由于短路或使用电器的功率太大时，电路中流过的很大电流，产生的热量会使保险丝立即熔化，切断电路，避免发生更大的事故。所以，当保险丝烧断造成停电时，应认真查找原因而绝不能用铜丝、铁丝等代替保险丝。

为避免发生事故需要注意的事情还有很多，如不要用湿手触摸开关和插座，如果没有经过专门学习不要随便拆卸电器和电路等。

电动机

把电能转换成机械能的装置，又称马达。它可以满足不同场合对动力的需要。电动机的使用、控制非常方便，工作时的噪声也很小，而且不像内燃机那样产生废气污染环境。由于这些优点，电动机在许多方面起着重要的作用，从家庭中的电风扇、洗衣机到工厂中的各种机床以及许多农业机械，都是用电动机提供动力。

特斯拉感应电动机的外形和现在的电动机
有很大差别，但操作原理基本相同

电动机的构造和发电机有些相似，也有固定的定子和能转动的转子，但是原理却是相反的。电动机是利用电流通过磁场中的导体时能使导体运动的原理来把电能转变成转子的动能的。磁场可以由电动机内部的磁铁产生，也可以用导线绕成的线圈通电产生。电动机既可以使用直流电，也可以使用交流电，根据它们的工作特点还可以分成许多种类。不过，由于交流电的使用较普遍，使用交流电的电动机的应用也就更多些。

对某一个电动机来说，它只能提供有限的功率，带动一定的负载。如果负载太大，就可能使电动机受到损坏。比如，家庭使用的电风扇，如果轴承润滑不好或扇叶被什么东西缠住不能转动，就可能把电动机烧坏。

电梯

沿固定导轨自一个高度运行至另一个高度的升降机。19世纪中期开始采用液压电梯。这种电梯至今还在低层建筑物上应用。1852年美国的E.G.奥蒂斯研制了一台钢丝绳提升的安全升降机。19 世纪 80 年代，在驱动装置方面做了进一步改进，如电动机通过蜗杆传动带动缠绕卷筒、采用平衡重等，为现代电梯打下了基础。19 世纪末，采用了摩擦轮传动，大大增加了电梯的提升高度。

电梯标志

电梯的安全至关重要。通常规定悬吊轿厢的钢丝绳不少于三根，其安全系数不小于 12。电梯必须设置限速器、安全钳和缓冲器等安全装置。当电梯速度超过规定数值时，限速器动作并且带动安全钳动作，钳住导轨使轿厢停止在空中。缓冲器在轿厢冲底时起缓冲作用。电梯还应有门锁、端站超行程保护装置和强迫减速装置等，并应符合防火要求。

自动扶梯

设置在建筑物层间连续运载人员的输送机。与电梯相比自动扶梯的输送能力大，能连续不断地运送乘客，断电时还可作普通楼梯使用；缺点是不能中途上、下人，造价和占地面积较大。自动扶梯主要用于商场、车站、码头、机场和地下铁道等人流集中的地方。

自动扶梯由梯路和两旁与梯路同步运动的扶手组成。梯路是变形的板式输送机，扶手是变形的带式输送机。梯路和扶手的运动都是由梯级的主轮、辅轮分别沿不同的梯级导轨行走来实现的。

磁场

磁体之间不接触亦有吸引和排斥的作用，是因为存在着一种媒介物，这种特殊形态的物质叫磁场。场这种物质不是由分子、原子组成的，人的感觉器官（视觉、触觉）不能感受到它，但它是一种客观存在。场是物理学中的重要概念。

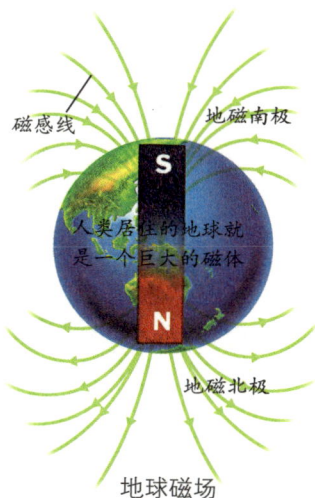

地球磁场

电流、运动电荷、磁体或变化电场周围空间里都存在磁场，其基本特性是对场中电流、运动的带电粒子施加力，因此可以根据这一点来描述磁场。描述磁场的基本物理量是磁感应强度 B，它是一个矢量。磁场中某点的磁感应强度 B 的方向是放在该点小磁针北极的指向，它的大小可以用垂直于磁

场方向（B 的方向）放置的、通有 1 安培电流的 1 米长的导线所受到的力的大小表示。B 的单位是特斯拉（T）。也可以根据在某点运动电荷受到的磁场作用力——洛伦兹力公式 $f = qv \times B$ 来确定磁感应强度 B 的大小和方向，其中 q 为电荷电量，v 为电荷运动速度。

磁体

"吸铁石"不仅可以吸铁，而且会相互吸引或排斥。很早就有人注意到了这种现象，并把这种性质称为磁性。具有磁性的物质叫磁体。一个从铁屑堆中取出的棍形永磁体，铁屑主要密集在棍的端部。如果永磁体更细一些，则被吸住的铁屑更显得集中在两端，磁棍的这两个端部被称为"磁极"。

两个永磁体之间的相互作用也就是它们的磁极之间通过磁场相互作用。用 3 个以上的

永磁体做实验就可以证明：①每一个永磁体都有两个性质不同的磁极，通常利用永磁体指示南北方向，指向北的这一端被称为 N 极，指向南的这一端被称为 S 极。②同名磁极相斥，异名磁极相吸。

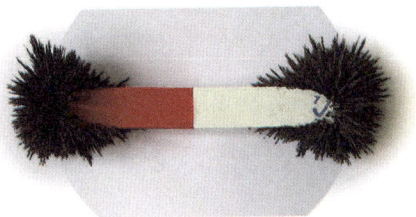

铁屑堆中取出的棍形永磁体，铁屑密集在棍的端部

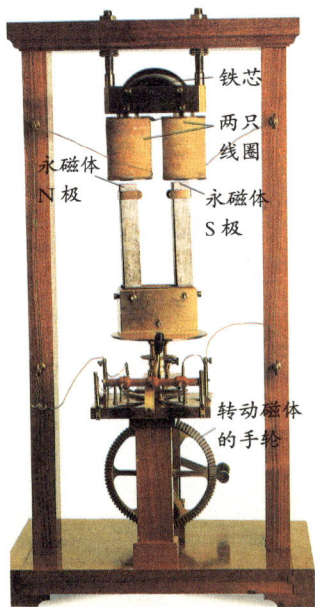

永磁发电机使用一个永磁体提供发电所需的磁场，由法国皮克西 1832 年发明

地球本身也是一个大磁体，地球两个磁极的中心分别位于地理的南、北两极（地球自转轴与地面的交点）的附近。在地理的北极附近地磁极是磁南极，而在地理的南极附近地磁极是磁北极。

磁体在很多地方都得到了利用，如各种开关、阀门等。现代化的磁悬浮列车是利用同性磁极相互排斥的原理使列车悬浮在轨道上，这种列车的速度可以达到每小时 500 千米。

> **永磁体** 人们最早发现和最早使用的磁体，它的磁性可以长久保持。构成永磁体的材料叫永磁材料，又叫硬磁材料，它们多含有铁、钴、镍成分。

指南针

春秋时期，古人发现，有一种天然矿石对铁矿石有吸引力，便称其为"慈石"，后来又写成"磁石"。磁石就是磁铁。

大约 2000 多年前，中国古代人利用磁铁制造了一种指示方向的工具，叫"司南"。司南就是指南的意思。司南是用整块的天然磁铁琢磨成的，长柄端为 S 极。拨动长柄，使它转动，待停下来，它的长柄就指向南方。人们发明司南以后，又继续不断地研究改进指南的工具，造出了指南针。指南针发明以前，在大海里航行是非常困难的。指南针发明后，这个问题就得到了解决。据古书记载，最晚在宋代，中国已经在海船上应用指南针了。

汉代司南仪

电磁感应

人们把由磁场与导体的相互作用而产生电的现象称为电磁感应。H.C. 奥斯特在 1820 年发现电流的磁效应，揭示了电与磁联系的一个方面之后，不少物理学家探索磁是否也能产生电，并进行过不少的实验。1831 年 M. 法拉第发现通电线圈在接通和断开的瞬间，能在邻近线圈中产生感应电流的现象。紧接着奥斯特做了一系列的实验，用来探明产生感应电流的条件和确定电磁感应的规律。法拉第又根据电磁感应的规律制作出了第一台发电机。

法拉第，M.
（1791-09-22 ~ 1867-08-25）
英国物理学家、化学家。1831 年，法拉第发现了电磁感应现象，提出了法拉第电磁感应定律，它是现代电工学的基础。法拉第还提出了光的电磁性、磁力线等概念，为麦克斯韦电磁场理论开辟了道路，人们称他是电磁理论的奠基人。为了纪念法拉第对电磁学的贡献，将电容的单位命名为法拉。

电磁感应现象的发现在理论上有重大意义，使人们对电和磁之间的联系有了更进一步的认识，从而激发人们去探索电和磁之间的普遍联系的理论。该现象在实际应用方面有更为重要的意义，电力、电信等技术的发展就同这一发现有密切的关系。发电机、变压器等重要的电力设备都是直接应用电磁感应原理制成的。用这些电力设备建立的电力系统，能将各种能源（煤、石油、水力等）转换成电能并输送到需要的地方，极大地推动了人类社会生产力的发展。

法拉第利用电磁感原理制作的圆环线圈，
和现在的变压器线圈很像

感应电流

发生电磁感应的那部分电路产生感应电动势，这部分电路就是电源。如果这部分之外的电路是闭合电路，则就会有电流产生，这种电流称为感应电流。感应电流的方向可以用楞次定律进行判定。楞次定律内容是：感应电流具有这样的方向，即感应电流的磁场总要阻碍引起感应电流的磁通量的变化。如果是直导线切割磁感线，感应电流的方向可以用右手定则判定。右手定则是：右手平伸，磁感线穿过掌心，伸开大拇指指向导线运动方向，四指的方向为感应电流方向。

电磁铁

利用电流的磁效应制成的磁铁。在铁芯上按一定方法缠绕上导线，就做成了电磁铁。当有直流电流通过导线线圈时，铁芯就有了磁性。电磁铁磁力的大小与铁芯的材料、线圈的圈数、线圈的直径、电流强度的大小有关；电磁铁的N、S极是根据电流的流向决定的，这样就可以方便地通过对电流的调节而对电磁铁进行控制。人们利用电磁铁的这些特点，制造出了许多电力设备和装置，如电磁开关、继电器、电磁起重机、电铃、电磁打点计时器、最早期的电报机等。

电磁波

电磁波是电磁场的一种运动状态，简称为电波。电可以生成磁，磁也能带来电。1864年，英国科学家 J.C. 麦克斯韦在总结前人研究电磁现象的基础上，建立了完整的电磁波理论。他断定了电磁波的存在，并推导出电磁波与光具有同样的传播速度。1887 年德国物理学家 H.R. 赫兹用实验证实了电磁波的存在。之后，人们又进行了许多实验，不仅证明光是一种电磁波，而且发现了更多形式的电磁波。

由于电磁波的存在以及无线电技术的飞跃发展，人类才能在遥远的他乡听到和看到亲人的声音与面容；电报、广播、电视靠它传递；卫星靠它控制、导航等。看不见的电波，使得人类社会的发展日新月异。

> **电磁场** 英国科学家 J.C. 麦克斯韦认为在变化的磁场周围产生电场，变化的电场周围产生磁场，变化的电场和变化的磁场总是相互联系的，形成一个不可分离的统一的场，这就是电磁场。电场和磁场只是这个统一的电磁场的两种具体表现。电磁场由近及远地传播就形成电磁波。

电磁污染

影响人类生活环境的电磁污染源可分为天然的和人为的两类。

天然的电磁污染是某些自然现象引起的。常见的雷电除了可能对电气设备、飞机、建筑物等直接造成危害外，还会在广大地区从几千赫到几百兆赫以上的极宽频率范围内产生严重电磁干扰。另外，火山喷发、地震、太阳黑子活动引起磁暴等，都会产生电磁干扰。天然的电磁污染对短波通信的干扰特别严重。

人为的电磁污染主要有：①脉冲放电。例如，切断大电流电路时产生的火花放电，本质上与雷电相同。②工频交变电磁场。例如，在大功率电机、变压器以及输电线等附近形成的电磁场，对近场区产生严重的电磁干扰。③射频电磁辐射。例如，无线电广播、电视、微波通信等各种射频设备和辐射，频率范围宽广、影响区域大，对近场区的工作人员造成危害。目前射频电磁辐射已经成为电磁污染环境的主要因素。

雷达

运用各种无线电定位方法，探测、识别各种目标，测定目标坐标和其他情报的装置。雷达是英文 RADAR (Radio Detecting And Ranging) 的音译，意为"无线电检测和测距"。

雷达由天线系统、发射装置、接收装置、防干扰设备、显示器、信号处理器、电源等组成。其中，天线是雷达实现大空域、多功能、多目标的技术关键之一，信号处理器是雷达具有多功能能力的核心组件之一。

雷达天线能同时发射与接收信号。雷达在运行中不断改变无线电波的发射方向，进行搜索。雷达网的直径越大，雷达的方向性越精确

无线电通信

利用无线电波在空间的传播来传递声音、文字、图像和其他信息的通信方式。无线电通信系统由发射部分和接收部分组成。发射部分包括发射机和发射天线，接收部分包括接收机和接收天线。利用无线电通信可以开通电报、电话、传真、广播、电视等传播业务。

波波夫，A.S.

（1859-03-16 ~ 1906-01-13）

俄国物理学家，无线电通信的创始人之一。1895 年 5 月 7 日波波夫在彼得堡学术会议上，宣读了论文《金属屑与电振荡的关系》，并当众展示了他发明的无线电接收机。不久波波夫用电报机代替电铃作接收机的终端，形成了比较完整的无线电收发报系统。1896 ~ 1900 年，他不断进行远距离通信的实验，使电台的通信距离增加到 45 千米。为了纪念波波夫在无线电方面的贡献，1945 年苏联政府将 5 月 7 日定为苏联无线电节。

无线电通信与有线通信相比，不需要架设线路和铺设电缆，因而经济、灵活，但其保密性和可靠性稍差。根据无线电的波段以及传播方式，无线电通信可以分成许多种，如中、长波通信和短波通信，超短波通信，微波中继通信和卫星通信等。

短波通信

利用频率为 3 ~ 30 兆赫的电磁波进行的无线电通信。适合于建立边远和复杂地形地区的通信联系。短波传播的距离很远，主要途径是靠高空电离层的反射，因此短波无线电波又称"天波"。短波通信传播的信息是电话和电报，以及短波广播。

微波中继通信

利用无线电波在视距范围内进行信息传输的一种通信方

式。微波是指频率高于300兆赫的无线电波。它在大气层中做直线运动，只能在看得见的地面上两点传播，因此通信距离受到限制。为了解决这个问题，人们从古代驿站通信的方式中得到启示，每隔50千米左右，建立中继站接收和转发，以实现远距离通信。所以，长距离的微波通信又叫微波中继通信或微波接力通信。微波的波段宽广，能提供很大容量的多路通信，传送多路彩色电视节目。

卫星通信

利用空间卫星进行信号中继转发的一种通信方式。实际上也是一种微波中继通信，但它的中继站是在卫星上。先把通信卫星发射到赤道上空，并且使卫星的转动与地球同步。通信信号发射到卫星上后，经过处理被转发出去。一颗卫星上能看到地球表面1/3的范围，因此只要在赤道上空均匀布置3颗卫星，就可以实现全球范围的通信。卫星通信传输容量大，通信距离远，通信质量好。中国中央电视台和一些省市电视台的电视节目都通过卫星来传播。

电话机

实现电话通信的用户设备。由送话器、受话器和发送、接收信号的部件等组成。发话时，由送话器把话音转变成电信号，沿线路发送到对方；受话时，由受话器把接收到的电信号还原成话音。

电话机一般分为磁石式、共电式和自动式三类。磁石式电话机用磁石手摇发电机作振铃信号源并配有通话电源。它对线路和交换设备的要求低，通话的距离较远，机动灵活，使用方便，可不经过交换机直接通话。因此它适用于野战条件下和无交流电地区的电话通信。共电式电话机，由交换设备集中供给通话和振铃信号电源。其结构简单、使用方便，用户间通话由人工转接。自动式电话机是在共电式电话机基础上，对电话机加装拨号或按键盘等部件，通过拨号或按键发送选号信息，控制交换机进行自动接续，使用简便，不需人工转接，但自动交换设备较复杂。

智能手机 智能手机是指像个人电脑一样，具有独立的操作系统与运行空间，可以由用户自行安装第三方应用程序，并且可以通过移动通信网络实现无线网络接入的手机类型的总称。智能手机的使用范围已经遍布全世界，并逐渐取代了键盘式手机。由于其具有独立的 CPU 和内存，可以安装不同的应用程序，因此功能得到极大扩展，可以充分满足各类人群的不同需求。

对讲机

一种近距离通信工具。使用对讲机不能随意与某一个人通话，而只能与另外一部对讲

英国电话公司的地面发射站

机"对讲"。对讲机上有一根拉杆式天线，只要双方预先调谐于同一个工作频率，就可以随时随地与对方直接联系。大部分对讲机通信方式为"单工"方式，即发话和送话要用开关转换，"讲话"的时候不能"听话"，"听话"的时候不能"讲话"。对讲机的体积小、重量轻、携带方便。所以对讲机还常用于流动性强的生产活动中，以便人们能够及时联系。

传真机

应用扫描技术，把固定的图像（包括相片、文字、图表等）转换成电信号再进行收发的终端设备。它通过光学扫描系统，将传送文稿有光区和无光区上的信息变换成数字信号，然后再转变为音频信号，由发射端发送给另一个传真机。另一个传真机的接收端收到音频信号后，再将音频转换成数字信号，

通过热敏感光装置把接收的信息打印出来。

多功能传真机

无线电广播

利用无线电波向广大听众播送声音节目的通信过程，属于无线电通信范畴。1906年，美国人 R.A. 费森登在实验室里作了有史以来的第一次无线电广播。迄今为止，广播已具有调频、调幅、立体声广播、数字音频广播等多种制式。广播电台制作的节目都是声音信号，声音是无法传得很远的。要想把声音传播到很远的地方，就要把声音信号变成电信号即音

频信号，再把音频信号加到高频电磁波上发送出去。把音频信号加载到高频电磁波上的过程叫调制。根据调制方法的不同，有调频广播和调幅广播。未调制的高频电磁波叫载波。人们收听广播电台的广播节目时，就是接收载有音频信号的电磁波。

北京中央人民广播电台大楼

调幅和调频

两种不同的音频信号调制方式。用调频的方式传输信号，叫作调频广播（FM），用调幅的方式传输信号，叫作调幅广播（AM）。

调频广播一般使用频率很高的波，它不容易受干扰，能清晰地还原声音，还可以立体声传输，但调频广播的传输距离短，所以一般城市的电台都使用调频广播。调幅广播可以使用长波（LW）、中波（MW）、短波（SW）等各种波段的波，它的传输距离比调频广播远，但声音信号比调频广播差。有些城市的电台也使用中波传输，这样在国内别的地方也能接收到广播信号。短波的传输距离更远，在短波波段，能收听到国外一些电台的节目。

收音机

收音机是声音广播系统的接收设备，属于无线电接收机的一种。它由接收天线、调谐电路、高频放大电路、检波电路及电源电路等部分组成。由天线接收的广播电台信号在调谐电路里进行选台，经高频放大器直接放大后，再经检波器取出音频信号（即解调），送到音频放大器放大，最后经过电声转换推动扬声器放声。

随着广播技术的发展，收音机也在不断更新换代。自无线电广播诞生以来，收音机经历了矿石收音机、电子管收音机、晶体管收音机、集成电路收音机到 DSP 收音机的变化。

电视

电视是用无线电电子学的原理，远距离传送活动图像的技术。在发射端，用电视摄像机把景物、图像分解为很小的像素单元，然后再将一个个的像素变换为电信号通过无线电波（或有线线路）传送到远方；接收端的接收装置也就是电视接收机将电信号还原为像素，

最后再将许许多多的像素重新组合成为图像显示出来。

尼普科夫，P.G.
（1860-08-22 ～ 1940-08-24）
德国发明家。1884 年他发明了"扫描转盘"。这种会转动的轮盘上布满了一连串以螺旋样式排列的小孔，可以用来扫描物体影像。它利用了人眼的"视觉暂留"效应。当轮盘转动时，每个小孔会经过影像的不同部位，所以轮盘需要转 1 周才能完整扫描到 1 个物体画面。当圆盘转得足够快，就好像我们对着小窗在圆盘上开了一个同样大小的洞一样。扫描的图像经过硒光电管进行光电转换，实现了画像电传扫描的设想。人们称这是"机械式电视机的雏形"。

1884 年，德国科学家 P.G. 尼普科夫发明螺盘旋转扫描器，用光电池把图像的序列光点转变为电脉冲，实现了最原始的电视传输和显示。1925 年和 1926 年美国人 C.F. 詹金斯和英国人 J.L. 贝尔德相继实现影像粗糙的机械扫描电视系

统。英国和美国分别在 1937 年、1939 年开始了黑白电视广播。1954 年美国的彩色电视正式广播。中国在 1958 年开始黑白电视广播。近几十年来，电视事业以空前的速度向前发展，电视传输技术实现了从模拟到数字，从无线到有线和卫星的发展，将人们引入五彩绚丽的世界之中。

有线电视

20 世纪 60 年代后，许多工业发达国家兴起有线电视。它是相对开路电视的接收方式而发展起来的。有线电视通过电缆、光缆来传送电视信号，

不仅能够克服电视在空间传播时的干扰，还有与观众"双向沟通"的优点，因而又称交互电视。尤其是这种电缆电视网与计算机、电话连接起来后，就构成了完整的闭路电视系统。观众可以不受电视台播送节目的限制，任意选择电视节目，频道可达上百个。

液晶电视

采用液晶显示器代替显像管显示图像的电视机。液晶显示器利用液晶在电压作用下发光成像的原理进行图像显示。液晶显示技术主要有三种，即扭曲向列（TN）、超扭曲向列

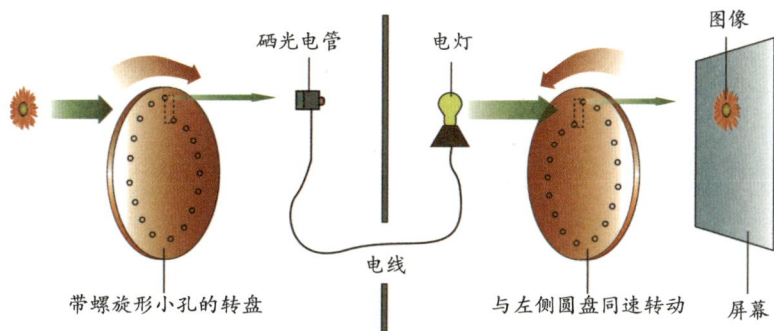

硒光电管　电灯　图像

带螺旋形小孔的转盘　电线　与左侧圆盘同速转动　屏幕

尼普科夫发明的扫描转盘

（STN）和薄膜晶体管（TFT）。当前液晶电视机都采用TFT型。

TFT型液晶显示器的结构如图所示。先由背部光源（一般为荧光管）投射入射光，入射光经偏光板进入由玻璃基板封好的液晶，利用液晶分子的排列方式改变穿透液晶的光线的角度，然后经过彩色网格滤光器和另一块偏光板。通过控制加在液晶板的电压值便可改变呈现的光线强度和色彩，在液晶面板上显示不同深浅的彩色图像。

世界上第一台液晶显示设备出现在20世纪70年代初，

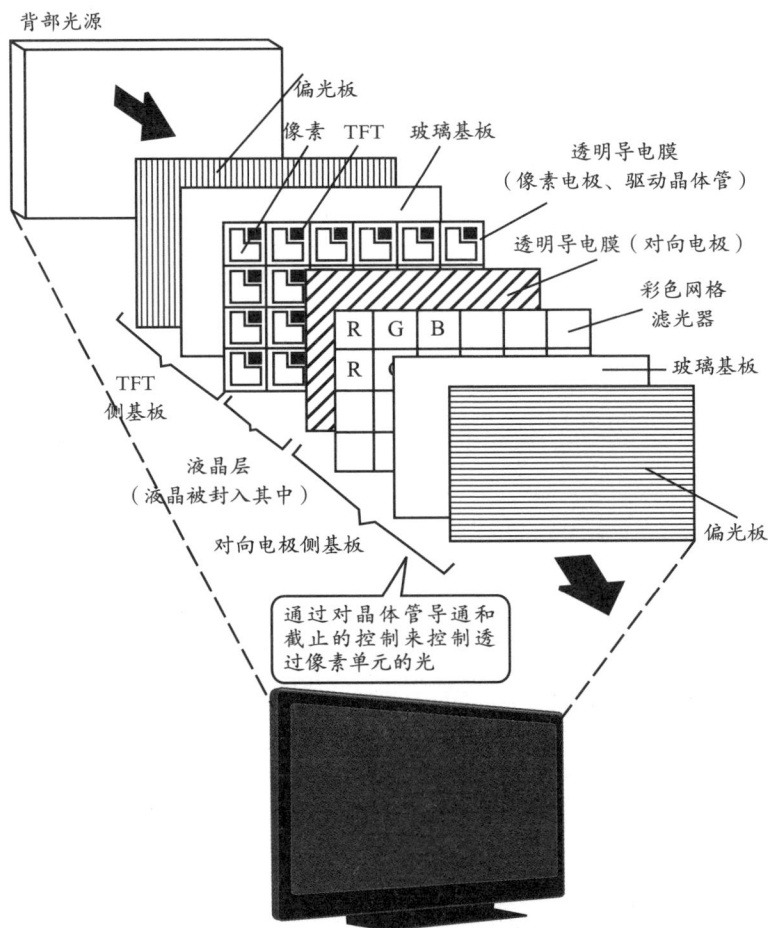

背部光源

偏光板

像素 TFT 玻璃基板

透明导电膜
（像素电极、驱动晶体管）

透明导电膜（对向电极）

彩色网格
滤光器

R G B
R

玻璃基板

TFT
侧基板

偏光板

液晶层
（液晶被封入其中）

对向电极侧基板

通过对晶体管导通和
截止的控制来控制透
过像素单元的光

TFT型液晶显示器的结构

但直至 90 年代初，液晶显示技术仍未成熟，难以普及。90 年代后期，开始出现高分辨率、大屏幕的液晶电视。进入 21 世纪后，液晶电视的清晰度不断提高，体积、重量和价格却不断下降，逐渐取代了体积庞大、耗电多、辐射强的显像管电视并成为主流。

录音机

以硬磁性材料为载体，利用磁性材料的剩磁特性将声音信号记录在载体上的电器。又称磁带录音机。它能够将外界的声音记录下来，同时还能把记录下来的信息恢复成原来的声音。

录音机有一个绕有线圈的环形铁芯，即磁头。录音时，声波通过话筒转变成电信号，经过电流放大器放大，再送到录音磁头的线圈中，铁芯就产生了随声音而变化的磁场。当磁带紧贴着磁头转动时，磁带上就会记录下与声音相应变化的磁信号。如果将录好音的磁带，按照录音时的速度通过放音磁头，放音磁头的铁芯受到磁带上有变化的磁信号的作用，铁芯上的线圈就产生相应变化的电流。将这个电流放大后再送往扬声器上或耳机上，就能将原来录制的声音重放出来。录过音的磁带，如果不需要时，可以用抹音磁头将所录的声音

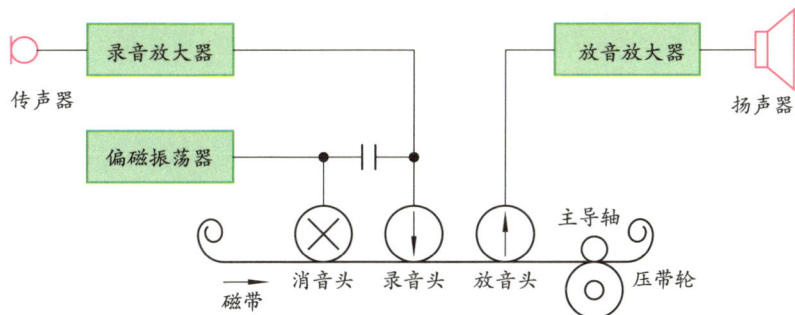

磁带录音机工作原理示意图

消掉。

磁带录音机的发展方向是微型化、组合化和数字化。随着新型芯片录音装置的出现，录音机已逐渐退出历史舞台。

立体声音响

立体声音响是一种多声道的音响系统，通过几个分开的声道来传送、记录和重放不同的声音信号。用立体声音响听音乐时，能够分辨出声音的方向、强弱程度和先后次序。它能反映各个空间位置处的声源，使人听到各方向声源的发音，富有立体感。

> **双耳效应** 人长着两只耳朵，而且对称地分布在头的左、右两侧。很多听觉效果取决于两只耳朵。例如，声源定位主要是根据两耳听到的声音的时间差和强度差来实现的。由于头部、耳廓、外耳道的共振、反射作用，使听到的声音频谱受到调制。来自右边的声音，必先到达右耳，强度也比左耳收到的强，经大脑的辨析，指挥头部转动，从而可确定声音传来的方向及声源位置。运用双耳来达到听觉的某些效果即为"双耳效应"。

听声音时能够感受到立体

效果，这与人们的两只耳朵有关。声音首先传送到离声源较近的耳朵，然后再传送到另一只耳朵，使得两只耳朵对声音的感觉出现差别。

电子琴

采用半导体集成电路对音乐信号进行放大，并通过扬声器产生音响的键盘乐器。声学研究发现，声音可以转换为电信号，经过多种处理之后又可还原成声音。于是，根据这个原理，人们研究出了直接与声音相对应的电信号，而且创造出了声音的合成效果，甚至创造出自然界中本不存在的声音，产生了音乐艺术与电子技术的结晶——电子琴。

电子琴装有许多如半导体三极管、电阻、电容等电子元器件，它们组成振荡器。这些振荡器事先调整在不同的频率上，工作时所产生的振荡信号，经过电路中半导体三极管的放大，通过扬声器就会传出音调不同的立体声乐音来。

电子钟表

出现在 20 世纪 60 年代。它以电池为能源，以石英振荡器为时间基准，以集成电路为核心，通过指针或数字来显示时间。石英振荡器振荡速度快、稳定性高，并且不受外界环境温度、湿度和其他振动的影响，因而电子钟表走时精度大大提高。它每天的计时误差可减小到 0.2 秒，走时的准确度大大超过机械表。

电子钟表有两种形式：指针式和数字式。指针式电子钟表与机械钟表一样，通过齿轮带动指针来指示时间，而数字式电子钟表是用数字来显示时间的。

电子钟表使用和维护都比机械钟表方便。它不像机械钟表那样需要天天上发条，只要一两年换一块电池即可。它没有机械部件，只有简单的集成电路部件，因而不易损坏，几乎不需专门的维护。

电磁炉

一种利用电磁感应原理进行加热的炉灶。它的主要部件是金属导线缠绕的线圈。当交流电通过这个线圈时，会产生交变的电磁场。磁力线穿过锅体时，锅体的底部受到感应，会产生大量的强涡流。涡流受材料电阻的阻碍时，放出大量的热量，使饭菜煮熟。电磁炉

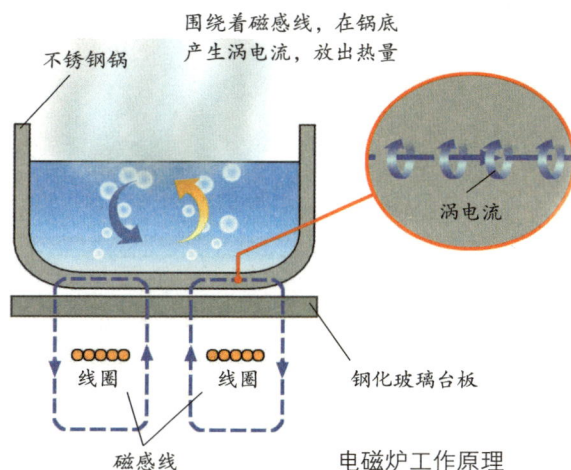

围绕着磁感线，在锅底产生涡电流，放出热量

不锈钢锅

涡电流

线圈　线圈

钢化玻璃台板

磁感线

电磁炉工作原理

的热量传递损耗较低，没有明火，热利用效率可达80%，并且热量均匀，因此烹调速度快，节省能源。20世纪80年代以后，电磁炉成为成熟的家电产品。

微波炉

利用微波辐射烹饪食物的厨房电器。微波是指波长为1毫米～1米、频率在300兆赫～300吉赫的电磁波。它除具有一般电磁波的共性外，还有自身的特性，如微波遇到一些金属导体就会反射，导体不吸收其能量；微波在玻璃、塑料中能自由传递，并且不消耗能量；微波遇到含有水分的淀粉、蔬菜、肉类等物质，不仅不能穿透这些物质，而且它的能量还要被吸收掉。磁控管是微波炉的重要部件。它在接通电源后，会产生微波，使食物中的水分子，按照磁场方向首尾一致排列。随着磁场方向的变化，水分子频繁快速运动，产生大量的热量，加热食物。微波烹调靠微波深入食物内部，能全面均匀地加热，烹调的能量高、速度快。微波烹调没有油烟，能保持食物天然的色香味，对维生素的破坏也较小。

助听器

一种有助于听障者改善听觉障碍的装置。通过它将声音放大，最大限度地利用听障者的残余听力，使之听到原来听不到或听不清的声音。

助听器种类众多，但其基本构造和原理是相同的，即生活环境中的各种声音通过话筒（麦克风）传入助听器。话筒的功能是把声音信号转变为电信号，电信号又经过处理并放大，传到接收器（耳机）。耳机把电信号再转换成声音信号，声音信号又通过助听器耳膜内的管道传输到耳道内。

探究课题

1 在没有电的时代，人类过着平淡稳定的农耕生活。
而在现代社会，虽说你也许能接受一个星期甚至
一个月没有电的生活，但那是因为，只有你离开了"电"，
电力还在支撑整个社会正常运转，你的感受仅限于无法直
接享受电力带来的便捷。现在让我们假设，如果全世界所
有的电力都消失一个月，人类社会将面临怎样的情况？发
挥想象力思考一下，也可以跟同学展开讨论。

2 查阅关于验电器的资料，试着自己动手制作一个。
验电器是一种检测物体是否带电及粗略估计带电
量大小的仪器。当被验物体接触验电器顶端导体时，自身
所带电荷会传到玻璃罩内的箔片或指针上。同种电荷相互
排斥，箔片或指针将自动分开，张成一定角度，根据角度
大小可估计物体带电量大小。

3 电能 = 功率 × 时间。请你以"千瓦"为单位记
录家中每件用电器的功率，观察记录或者估计每
个用电器每周用电的平均时间，由此估算每周家庭用电量，

并与实际电能表的测量值做对比，尝试分析差异产生的原因。如果你能坚持做这个课题一年时间，试试撰写一份《家庭全年用电报告》，也许会有意想不到的收获。

4 制作简易指南针。用强磁体的一个磁极沿同一方向摩擦缝衣针，能使缝衣针磁化成小磁针。让小磁针穿过塑料瓶盖或插进塑料泡沫里，轻放在盆中的水面上，指南针就做成了！

小贴士：找不到缝衣针，可以用回形针代替，只需用钳子把回形针拉直即可。

5 在构造上，直流与交流发电机大部分是相同的，但有一处主要的差别。查阅资料，找出这个差别，并体会其中的设计原理。提示：换向器——哪个有，哪个没有？

6 找一个用坏了的充电器（输出电压不超过12V的），尝试用工具把它拆开，看看你能否找到封装在里面的"变压器"。

公式手册

1. 电荷守恒定律、库仑定律

电荷守恒定律：电荷既不能创生，也不能消失，只能从物体的一部分转移到另一部分，或者从一个物体转移到另一个物体，在转移的过程中电荷的总量保持不变。

元电荷 $e=1.6\times10^{-19}C$。所有带电体的电荷量都是元电荷的整数倍，其中质子、正电子的电荷量与元电荷相同。

电子的电荷量 $q=-1.6\times10^{-19}C$。

使不带电的物体带电的过程称为起电过程。

起电方法有三种：摩擦起电、感应起电、接触起电。

库仑定律：真空中两个静止点电荷之间的相互作用力与它们电荷量的乘积成正比，与它们距离的平方成反比，作用力的方向在它们的连线上。

表达式为 $F=kq_1q_2/r^2$，式中 $k=9.0\times10^9N\cdot m^2/C^2$，叫静电力常量。

2. 电场与静电现象

静电场是存在于电荷周围，能传递电荷间相互作用的一种特殊物质，其基本性质是对放入其中的电荷有力的作用。物理学中把放入电场中某点的电荷受到的电场力 F 与它的电荷量 q 的比值定义为电场强度，表达式为 $E=F/q$，单位 N/C 或 V/m。E 是矢量，正电荷在电场中某点所受电场力的方向即该点的电场强度方向。

把金属导体放在外电场中，导体内的自由电子受电场力作用而发生迁移，使导体的两面出现等量的异种电荷，这种现象叫静电感应。当导体内自由电子的定向移动停止时，导体处于静电平衡状态，处于静电平衡的导体内部的合电场为零，且导体上任意两点之间没有电势差（电压），导体所带电荷只分布在外表面，与表面曲率有关。金属壳或金属网罩所包围的区域，不受外部电场的影响，这种现象叫作静电屏蔽。

3. 电场力的功、电势能、电势与电势差

电场力做功与路径无关，只与初末位置有关。在匀强电场中 $W=Fd=qEd$，其中 d 为沿电场方向的距离。

如同物体在地球场中具有重力势能一样，电荷在电场中具有电势能，数值上等于将电荷从该点移到零势能位置时电场力所做的功。

电荷在电场中某一点的电势能与它的电荷量的比值，叫作这一点的电势，用 φ 表示，即 $\varphi=E_p/q$。电势是表述电场能量属性的量，由电场本身决定，但其数值与零电势点的选择有关，为了解释问题的方便，我们默认大地或无穷远处的电势为零。

电场中任意两点间电势的差值叫作电势差，这一概念在电路中常称为电压。电势差的数值与零电势点的选择无关。在任何电场中的 A、B 两点间移动电荷，电场力的功都为 $W_{AB}=qU_{AB}$。

4. 直流电路的概念与规律

电阻定律与电阻率：导体的电阻跟它的长度成正比，跟它的横截面积成反比，导体的电阻还与构成它的材料有关，即 $R=\rho l/S$，ρ 为电阻率，反映导体的导电性能，是导体材料本身的属性之一。电阻率与温度有关，当温度降低到绝对零度附近时，某些材料的电阻率会突然减小至零，成为超导体。

欧姆定律：给出了电路中电流的定量关系，分为部分电路欧姆定律和闭合电路欧姆定律，即 $I=U/R$，和 $I=E/(R+r)$（E 为电动势）。适用于金属和电解液导电，适用于纯电阻电路，不适用于非纯电阻电路。

焦耳定律与电功：电路中的电流流过一段导体时产生的热量满足焦耳定律，即 $Q=I^2Rt$，式中 Q 简称电热。电热等于或小于电流做的功（电功）$W=qU=UIt$，纯电阻电路中 $Q=W$。

串联电路、并联电路的规律

	串联电路	并联电路
总电阻	$R_总=R_1+R_2+\cdots\cdots+R_n$	$1/R_总=1/R_1+1/R_2+\cdots\cdots+1/R_n$
各电路相等的物理量	$I_1=I_2=\cdots\cdots=I_n$	$U_1=U_2=\cdots\cdots=U_n$
电流或电压分配关系	$U_1/R_1=U_2/R_2=\cdots\cdots=U_n/R_n$	$I_1R_1=I_2R_2=\cdots\cdots=I_nR_n$
总电流	$I_总=I_1=I_2=\cdots\cdots=I_n$	$I_总=I_1+I_2+\cdots\cdots+I_n$
总电压	$U_总=U_1+U_2+\cdots\cdots+U_n$	$U_总=U_1=U_2=\cdots\cdots=U_n$
电功率分配关系	$P_1/R_1=P_2/R_2=\cdots\cdots=P_n/R_n$	$P_1R_1=P_2R_2=\cdots\cdots=P_nR_n$

5. 磁场与电磁感应

磁体周围存在磁场，奥斯特实验表明电流周围也存在磁场，电流周围的磁场遵循安培定则。磁场的基本性质是对处于其中的磁体、电流和运动电荷有磁场力的作用。磁场对电流的作用力叫安培力，对运动电荷的作用力叫洛伦兹力。在电流方向或电荷运动方向与磁场垂直的情况下，安培力 $F=BIl$，洛伦兹力 $F=Bqv$。式中 B 为磁感应强度，描述磁场的强弱和方向，由磁场本身决定。安培力和洛伦兹力的方向都可以用左手定则判定。磁场对电流的安培力是电动机的理论基础。

与磁场有关的应用很多，如电磁炮、电流天平、质谱仪、回旋加速器、速度选择器、磁流体发电机、电磁流量计、霍尔元件等。

利用磁场来产生电流的过程是电磁感应。如果把穿过某一面积的磁感线的条数理解为磁通量，则当一闭合回路的磁通量发生变化时，必有感应电流产生。感应电流的方向遵循楞次定律，简单情形如导体切割磁感线，感应电流的方向可用右手定则得出。

法拉第电磁感应定律：感应电动势的大小跟穿过这一电路的磁通量的变化率成正比，公式表述为 $E=N\triangle\Phi/\triangle t$，其中 N 为线圈匝数。导体垂直切割磁感线时，感应电动势可用 $E=Blv$ 求出，式中 l 为导体切割磁感线的有效长度。法拉第电磁感应定律是发电机的理论基础。

涡流效应、电磁阻尼和电磁驱动都是电磁感应的典型应用。

6. 交流电与变压器

交变电流是指大小和方向都随时间做周期性变化的电流。家庭电路和工厂动力电路都使用正弦式交流电。交变电流的电流或电压所能达到的最大值叫峰值，与交变电流热效应等效的恒定电流的值叫作交变电流的有效值。对正弦交流电，其有效值和峰值的关系为：$U_m=\sqrt{2}U$，$I_m=\sqrt{2}I$。通常所说的交流 220V 电压指的是有效值，其最大值（峰值）约为 311V。

利用变压器可以减少远距离输电时的电能损耗。变压器是由闭合铁芯和绕在铁芯上的两个线圈组成的，与交流电源连接的线圈为原线圈，也叫初级线圈；与负载连接的线圈为副线圈，也叫次级线圈。变压器工作时利用了电流磁效应、电磁感应互感原理。理想的变压器（不考虑其上的电能损耗）规律如下。

电压关系：只有一个副线圈时，$U_1/n_1= U_2/n_2$；有多个副线圈时，$U_1/n_1= U_2/n_2= U_3/n_3=\cdots\cdots$

电流关系：只有一个副线圈时，$I_1/I_1= n_1/n_2$；由 $P_入=P_出$ 及 $P=UI$ 推出，有多个副线圈时，$U_1I_1= U_2I_2+U_3I_3+\cdots\cdots+U_nI_n$。

下篇

声

本质是一种机械波，叫声波，是由物体振动产生的，具有机械能。固体、液体、气体均可以发生振动形成声波。但声波还不是声音，声波进入耳朵后，迫使耳膜振动，把声波传递给听觉神经，大脑的听觉神经形成的听觉才是声音。

世界上各种物体所发出的声音，人有的能听得到，有的则听不到。对人类来说，只有频率在 20 ～ 20000 赫的声波才能被听见，这一段声波叫可闻声波。低于 20 赫的声波叫次声波，地震、台风、核爆炸等都能产生次声波。高于 20000 赫的声波叫超声波。有些动物可以发射和听见超声波，如海豚、蝙蝠等。

声源 一切正在发声的物体都在振动，这些正在发声的物体叫作声源。声源可以是固体、液体和气体。例如拉琴时琴弦振动发声，水滴落入容器中发出的"叮咚"声，口吹一端封闭的细管引起管内空气的振动发声。发声物体的振动，可以用眼观察或用手触摸加以体会。如电铃响时，在听到声音的同时会看到铃壳在不停地振动。

声波要通过一定的物质（如空气）才能传播出去，能够传播声波的物质叫作介质。我们能听到各种声音，是因为我们的周围有大气作为介质传播声波。声音在真空中不能传播。在不同的介质中，声波传播的速度是不同的。大气是我们身边最重要的传声介质，声波在大气中的传播速度大约是 340

米/秒。

当声波在传播过程中碰到障碍物时会被反射回来，我们听到的回声就是这样形成的。在门窗关闭的室内谈话，听起来比在旷野里声音大，也是这个道理。

声的产生、传播、接收、作用、影响和应用，与我们的生活生产密切相关。研究这些问题的一门学科叫声学，它是物理学的一个重要分支。

声速

声波在介质（传播声波的物质）中单位时间里传播的距离。又称音速。介质可以是固体、液体和气体。声波在不同介质中的传播速度一般不同。声波在海水中的传播速度为1450米/秒，在钢铁中的传播速度能达到4900米/秒。所以，有时我们想知道火车是不是过来了，趴在铁轨上听要比在大气

中先听到。声速还与温度有关，如空气中的声速，15℃时是340米/秒，30℃时是349米/秒。

响度

人耳主观上感觉到的声音强弱（声音的响亮强度），即音量。响度与客观上的声强（每秒钟垂直于声音传播方向的单位面积上的能量）有关，也与声源的振动幅度和距离声源的远近有关。响度往往因人而异，人耳能听到的最低声强跟频率有关，所以频率不同而声强相同的声音，其响度可能不同。

次声波

低于20赫的声波。又称为亚声波。地震、台风、核爆炸、火箭起飞等都能产生次声波。建立次声波接收站，可以探测到火箭发射和核试验，还能探测海啸、地震、台风等。次声波有时也给人带来意想不到的

灾难。1986 年 4 月，法国国防部次声研究所在进行次声波实验时，因无良好防护，使处于 16 千米外的一家 20 口人突然丧生。这是由于次声波频率与人体主要器官固有频率十分接近，发生共振造成的。

超声波

频率高于 20000 赫的声波。超声波的频率很高，具有较大的能量，可用于"粉碎"溴化银制成优质照相乳胶。超声波的穿透能力很强，具有较好的定向性，可制成超声波探测仪，用于探测金属内部裂纹缺陷，还可用于医学的"B 超"检查等。蝙蝠的视觉很不发达，几乎是"瞎子"，但靠接收自己发出的超声波的反射波，来探测和定位目标而自由飞翔。

蝙蝠靠超声波来探测和定位自己的飞翔目标

录音

将声音通过传声器、放大器转换为电信号，用不同的材料和工艺记录下来的过程。又称录声。现行的录音方法分为 3 类：①唱片录音。又称机械录音，是将声音变成机械振动，然后在转动着的圆形塑质片上刻上与声音对应的槽纹。②磁性录音。将声音变为强弱不同的感应磁场，在感应磁场中移动着的磁性材料（磁带或存储器）被磁化记录下声音。③光学录音。将声音变为光束的强弱或宽窄变化，再用照相感光的方法在移动着的胶片上记录下来，或在转动着的光盘上用光刻制下来。供记录声音的电声机械是录音机。

回声

当声波在传播过程中遇到障碍物时，会被反射回来，反射回来的声波传入人耳，就形成了回声。人听到回声是有条件的。这个条件是：听到原声和听到回声的时间差在 0.1 秒以上。若原声和回声的时间差不到 0.1 秒，则回声和原声混在一起，人听到声音的时间就延长了，使人感觉声音"加大"了。如果常温下声音传播速度取 340 米／秒，则障碍物到观测人的距离为 17 米以上时，才能听到回声。有些场合，如播音室、图书馆、会议室等，需要除去回声保持安静，就得使用削弱反向声波的吸音材料，

如软的和多孔的材料（像地毯等）。还有些地方，如剧场和电影院等，需要加强回声并避免形成声音焦点，使回响时间（声音加强的时间）合理，就要把墙壁等做得不光滑，合理布置座椅等，使声音均匀地反射到全场。

回声定位

利用回声来确定障碍物的方位和距离的探测方法。例如已知回声声速 v 与滞后时间 t（原声与回声的时间差），则在此方向上障碍物与声源的距离 $s = \frac{1}{2}vt$。自然界中的蝙蝠、海豚等动物就是采用回声定位的方法避开障碍物、捕捉食物或相互联系。根据声波的特性而制造的声呐可以帮助我们探测海中的鱼群、礁石、沉船、潜艇，以及测量海洋的深度。这就是回声探测法。回声探测法除用于渔业、军事领域，还可

以用于导航、石油开发等，特别是对海洋开发具有十分重要的作用。

声呐

利用声波对水下物体进行探测和定位识别的方法及所用设备的总称。英文 sonar 的音译。sonar 一词由 sound navigation and ranging（声音导航和测距）的字头组成。

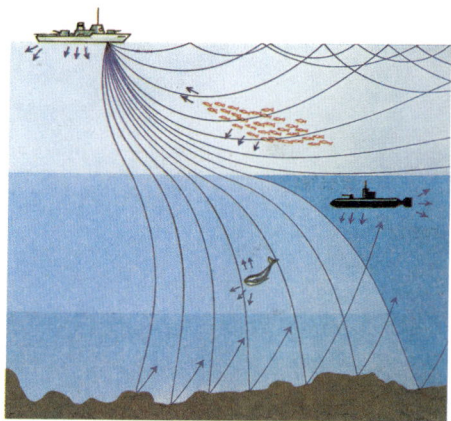

声呐系统工作示意图

声呐可分为主动式和被动式两种，主动式声呐指能辐射声波并能接收其反射波的仪器，被动式声呐指仅能接收声波的仪器。目前，声呐技术已广泛运用在舰艇和水下作业中。

回音壁和三音石

回音壁是 1530 年在北京天坛修建的一座高约 6 米、半径约 32.5 米的圆形围墙，整个围墙砌得整齐光滑，是一个优良的声音反射体。站在墙壁内侧相距较远的甲、乙两人，当甲紧贴围墙对着墙壁小声说话，声音经围墙不断反射并沿着围墙传播，最后到达乙的位置。乙能听到清晰得似乎近在耳旁的声音。

对着回音壁讲话，会感受到奇妙的传音效果

三音石是回音壁里石甬道上从北向南数的第三块石板，正处在围墙的中央。传说人站在这块石板上拍一下手掌，可听到三声响，所以叫它三音石。事实上听到的声音可达五六声响，这是掌声等距离地传到围墙以后，被同时反射回中央使人听到了第一次回音，紧接着第一次回音又等距地传到围墙，再被同时反射回中央，这样往返数次，直到声能被墙和空气完全吸收为止。

圜丘

除回音壁外，在天坛还有一处回音建筑，叫圜丘，也是1530年修建的。圜丘的最高层离地面约5米，半径约11.5米，除4个出入口处，四周都有青石栏杆，圆形台面是一个从圆心向四周稍微倾斜的台面，整个圜丘由反射性能良好的青石和大理石料砌成。

圜丘的声学效果很奇特，当人站在台中心喊一声，自己听到的声音比平时听到的声音更响。这是声波被青石栏杆反射到稍有倾斜的台面，再从台面反射到人耳的缘故。这也是站在中央的人觉得声音似从地下来的原因。圜丘是世界上罕见的具有良好声学效果的建筑物。

北京天坛圜丘

乐音和噪声

根据人的感受，通常把声音分为两类：乐音和噪声。好听悦耳的声音叫作乐音。从物理学的角度上看，乐音是由做周期性振动的声源发出来的。嘈杂刺耳的声音叫作噪声。从物理学的角度上看，噪声是由于声源做无规则的非周期性振动产生的。从环保角度上看，噪声是指一切对人们生活和工作有妨碍的声音。噪声不单由声音的物理性质决定，还与人们的生理和心理状态有关。

> **分贝** 引起听觉的声音强弱随频率的不同而不同。表示声音强弱级别（音量大小）的单位是分贝，1分贝（dB）等于1/10贝尔（B）。贝尔是为了纪念电话发明者美国人A.G.贝尔而命名的。

噪声分贝列表

10 ~ 20 分贝	很静，几乎感觉不到
20 ~ 40 分贝	相当于轻声说话
40 ~ 60 分贝	相当于普通室内谈话
60 ~ 70 分贝	相当于大声喊叫，有损神经
70 ~ 90 分贝	很吵。长期在这种环境下学习和生活，会使人的神经细胞受到破坏
90 ~ 100 分贝	会使听力受损
100 ~ 120 分贝	使人难以忍受，几分钟就可暂时致聋

噪声污染

　　生活或工作环境中，产生的噪声超过国家规定的环境噪声排放标准，并干扰人们正常生活、工作和学习的现象。

　　医学专家介绍，一般情况下，噪声如果超过60分贝，长

时间处在这种环境里，人的神经系统就会受到影响。噪声平均每提高3分贝，噪声能量就会增强1倍。经常处于噪声困扰之中，会出现记忆力减退、失眠等症状。噪声污染严重时，甚至会破坏人体的听觉系统。

多普勒效应

　　当波源和观察者有相对运动时，观察者接收到的波的频率和波源发出的波的频率会有差别，这种现象叫作多普勒效应。当波源与观察者靠近时，观察者接收到的频率变大；当波源与观察者远离时，观察者接收到的波的频率变小。多普勒效应是以奥地利物理学家J.C.多普勒的姓氏命名的一种物理现象。机械波（包括声波）、电磁波、光波等都能发生多普勒效应。多普勒效应有很多应用，如超声波测速仪就是利用多普勒效应，用超声波测

定运动物体（如汽车）的速度的。此外，多普勒效应已成为研究宇宙的有力工具，如根据多普勒效应，遥远天体的光谱频移现象证明了宇宙正在不断地膨胀。

静止的观测者

为了描述多普勒效应，最具代表性的例子是火车的汽笛声。当火车接近人时，人接收到的汽笛声波的频率变大，音调变高；远离人时汽笛声波的频率变小，音调降低

声控

用声音启动装置把声波变成诱发信号，使人工操作变成自动行为的控制过程。

楼房的楼梯处安装的声控型节能电灯，就是声控的实际应用。夜晚人在楼梯上走动时，脚步声会诱发电灯连动装置，使电灯通电发光；通过延时装置，经适当时间后自动断电，电灯熄灭。声控使人们只需动口就能指挥机

器服务于人成为可能。为了帮助全身瘫痪的病人，人们设计了用语音控制的轮椅，它能按照人的口令行进，可以前进、左右转弯、停止和倒退。

内能

物体内所有分子具有的分子动能和分子势能的总和。

物体的内能与物体的质量、温度和体积有关。同一物体，温度越高，分子运动得越激烈，分子的动能越大，物体的内能就越大。内能除了与温度有关外，还与物态有关，如质量相同的同种物质，温度相同时，处于气态时的内能就比处于液态时的内能多。改变物体内能有两种物理途径：做功和热传递。

热量 物体之间由于温度不同而发生热传递时，物体吸收或放出的内能的多少称为热量。热量是在热传递过程中，物体内能的改变量。热量总与热传递过程相对应。说一个物体具有多少热量是没有意义的。

比热容

单位质量的某种物质，温度升高（或降低）1℃所吸收（或放出）的热量。简称比热。符号为 c，单位为焦／（千克·开）。

比热容是物质的特性之一。不同的物质比热容数值不同。金属的比热容较小，水的比热容较大。因此海水调节气温的能力较大，使靠海处的昼夜温差较小。

热膨胀

在压力不变的条件下，绝大多数物体在受热温度升高后，长度、面积、体积比温度低时增加，这就是热膨胀。热膨胀是主要的热现象。如果物体受热膨胀受到限制，物体就会向限制它的物体施加强大的力。因此在铺设铁路的钢轨时，钢轨之间的连接处要留出空隙，为夏季热膨胀预留空间。假如在钢轨间不留空隙，到夏季因温度较高，钢轨膨胀会产生很大的力将钢轨顶弯，其后果不堪设想。同样道理，架设电线时，架在电线杆上的电线应有一定的松弛程度，为电线在寒冬天气里的收缩留出余地。自行车在夏季时，车胎不能打气过足，以免在阳光照射下胎内空气因热膨胀而反抗车胎的约束使车胎爆裂。

飘浮在空中的热气球

热胀冷缩和热缩冷胀

绝大多数物体都具有热胀冷缩的性质，也就是说物体受热时膨胀，温度降低时收缩。也有少数物体遇热时体积收缩，温度降低时反而膨胀，即所谓热缩冷胀。水在 0 ~ 4℃时是热缩冷胀，在 4℃以上是热胀冷缩，因此 4℃时水的密度最大。

热传递

内能从温度高的物体转移到温度低的物体上，或由物体温度高的部分转移到温度低的部分的现象。

热传递有 3 种方式：①热传导。温度不同的物体相互接触，热量直接从高温物体传向低温物体就是热传导。从微观角度看，热传导是物体内的分子间实现了能量的交换。不同物质传导热的本领不同，例如金属容易传热，因此多数炊具用金属制作；冬季穿棉衣、羽绒服等，就是利用棉絮、羽绒及空气等不善于传导热的性质。②热对流。通过气体或液体的流动传递热量的方式就是热对流。自然界中刮风实际上是阳光照射一部分空气，使这部分空气温度升高而产生的对流现象。③热辐射。高温物体直接用电磁波的方式把能量传递给低温物体就是热辐射。例如，人在篝火旁，靠近篝火的一侧会感到较热，这主要是热辐射造成的；太阳的能量通过辐射到达地球。掌握了热传递各种方式的特点，就可以根据需要利用或限制热传递。

采暖系统

在冬天，不管是大雪纷飞还是寒风凛冽，人们居住的房屋和工作场所仍然可以保持适宜的温度，依靠的就是采暖系统。采暖系统是将其他形式的能量（化学能、电能等）转变成热能，再通过热传递的几种途径将热量输送到各处的装置。

在现代北方城市住宅中，采暖系统已是必不可少的设施。城市中存在很多居民区，每个居民区都用一个大型的锅炉通过燃煤、气或油产生热水或蒸汽，经过暖气管道输送到各家各户来取暖。室内暖气的散热器采用薄片或多层的方式尽量增大采暖设备与空气接触的面积，这样就能提高热传递的效率。

火炉

火炉是日常生活中最简单的采暖设备。火炉的主要燃料是煤。煤燃烧产生的热量主要经过两个途径向外传递，一是炉火通过热辐射使远处感到温暖；二是炉火加热炉壁，使热

水箱

暖气片

热水　　冷水

锅炉

楼房供暖系统中的暖气以传导、对流和辐射三种方式来加热房间的空气

量通过炉壁传递给周围的空气，空气受热产生对流把热量再传到更远处。

燃料燃烧需要消耗氧气，在通风不良时容易产生一氧化碳等使人窒息的气体，因此用火炉时应防止煤气中毒。遇到有人煤气中毒时，首先要打开门窗通风，然后赶快叫急救车，把病人送往医院。

火炕

北方农村常用的采暖系统。火炕的外形如一平台，内部设有许多通道与烟囱相连，外有炉灶可以做饭。炉灶的燃料种类较多，如干草、庄稼秆、木柴、煤等，燃料燃烧产生温度很高的热气，热气经过火炕内的通道时加热火炕，人就在火炕上坐卧、休息。使用火炕要注意及时检修，如修补裂缝，以防热气从裂缝溢出，引起棉织物等燃烧而发生火灾。

物态变化

一种物质的状态不是一成不变的，它可以在一定条件下从一种状态转变为另一种状态，这就是物态变化。物态变化是有条件的，如水在一般条件下呈现为可以流动的状态，即液态；而当水从外界吸收热量，会变成气体状态（气态）的水蒸气。反过来，水蒸气遇冷放出热量会变成水，水遇冷放出热量，会变成固体状态（固态）的冰。冰吸热时会变成水；冰有时吸热后会直接变成水蒸气。水蒸气遇冷时有时会直接变成冰。

物体的物态变化过程

我们的祖先很早就会利用物态变化。例如，将铁化为铁水，再把铁水浇铸在模具中，可制造出各种铁器。物质在发生物态变化时，分子的内部结构没有变化，所以物态变化是一种物理变化。

熔化和凝固

物质从固态变成液态的过程叫熔化，从液态变为固态的过程叫凝固。物质熔化时吸热，凝固时放热。

固体物质有晶体和非晶体两类。晶体熔化过程中有一定的熔化温度（熔点），非晶体在熔化过程中没有确定的熔化温度。晶体在凝固过程中有凝固温度（凝固点），非晶体在凝固过程中没有确定的凝固温度点。

汽化和液化

物质从液态变为气态的过程叫汽化，从气态变成液态的过程叫液化。物质汽化时吸热，液化时放热。

物质汽化有蒸发和沸腾两种方式。研究表明，任何气体在温度降到足够低时都可以液化。利用压缩气体体积的方法，也能使某些气体液化。例如液化石油气就是在常温下利用压缩气体体积的方法使石油气液化，并贮存在钢罐里的。使用时降低压强使液化石油气汽化为气体，供燃烧用。

升华和凝华

物质由固态直接变成气态的过程叫作升华，由气态直接变成固态的过程叫作凝华。物质升华时吸热，凝华时放热。

冬季冻成冰的湿衣服晾干的过程，是冰直接变成水蒸气的升华过程。霜是水蒸气遇冷凝华的结果。人工降雨很好地利用了升华和凝华的原理。飞机在空中喷洒干冰（固态二氧化碳），干冰在空中迅速吸热升华，使空气温度急剧下降。空气中水蒸气遇冷凝华变成小冰粒，小冰粒逐渐变大而下落，下降过程中溶化为水滴，形成了雨。

蒸发和沸腾

只在液体表面发生的汽化现象叫作蒸发。在任何温度下液体都能蒸发，液体蒸发过程中要吸热。沸腾是指在一定温度下，在液体表面和内部同时进行的剧烈汽化现象。液体在沸腾过程中要吸热，但温度保持不变。

蒸发受许多因素影响，如液体的表面积、液体的温度、液体表面上的空气流动等。例如水蒸发时，水和空气交界面的水分子进入空气中，并向周围扩散。显然交界面越大，水分子进入空气中的通路越多；水温越高水分子运动越激烈，越容易进入空气；水面上方空气流动加快，可加速水分子扩散。以上情况均能加速蒸发。蒸发过程中吸热有重要应用，

如家用电冰箱和空调，就是利用液体蒸发时吸热的原理制成的。人发高烧时，在身体表面涂上酒精，利用蒸发吸热可以达到降低体温的效果。

沸腾时，液体表面和内部都发生向气体转变的过程。如水沸腾时在内部产生大量水蒸气，形成气泡浮出水面。

水沸腾的瞬间

沸点

液体开始沸腾的温度叫沸点。液体在沸腾时温度保持不变。在一个标准大气压下，纯

净的水在 100℃时沸腾。水沸腾时产生较蒸发时多的水蒸气，需要吸收更多的热量，使在压强一定时温度保持在沸点不变。水的沸点与气压有关，气压越高，沸点越高；气压越低，沸点也越低。高山上气压较低，水的沸点低于 100℃，致使有时连鸡蛋也煮不熟。

高压锅

高压锅是利用高气压提高沸点的炊具。高压锅把水等封闭起来，水受热产生的蒸汽只能保留在锅内，使锅内气压高于 1 个大气压，造成水在高于 100℃时沸腾。这样在高压锅内部就形成高压高温的环境，使食品很快变熟。

高压锅有排气装置，使锅内气压达到一定程度时把蒸汽排出，以保证使用安全。使用高压锅时，一定要防止因食物堵塞气孔造成锅内气压过大而爆裂的事故。

温度

温度是表示物体冷热程度的物理量。温度和热传递有关，温度高的物体放出热量，温度低的物体吸收热量，直到两个物体的温度相等时为止。从微观上看，温度与物体内分子的无规则运动的激烈程度有关。分子无规则运动激烈程度越高（分子平均动能越大），则温度越高。温度的高低，可以用温度计来测量。

温度是针对大量分子运动的平均效果而言的物理量，对单个分子来说是没有意义的。只能说物体的温度是多少，不能说某个分子的温度是多少。在研究"热现象"时，会发现这些现象都与温度有关，如物体的热胀冷缩或热缩冷胀，物质的物态变化等。

温度计

测量物体温度的仪器。常用温度计是根据液体的热胀冷缩性质制成的，主要有水银温度计、酒精温度计、煤油温度计等。将水银等液体装在玻璃制成的液泡内，上面连通细玻璃管，当液泡内的液体受热膨胀后，液体顺细管上升，从细管中液柱的上升程度可以确定物体的温度。不同的温度计，用途不同，它们的测温范围和最小分度值也不同。

英国早期的水银温度计，玻璃泡和玻璃管固定在一块刻有温度标记的木板上

体温计

医用温度计，主要用来测量人体的温度。体温计分为水银体温计、电子体温计和耳式体温计。

体温计的测温范围和最小分度值符合测体温的要求。水银体温计的结构原理是：存储水银的玻璃泡上方有一段细小的缩口，测体温时水银膨胀通过细小的缩口上升，体温计离开人体后玻璃泡内的水银遇冷收缩，水银在缩口处断开，上面的水银柱退不回来，能够保持温度数值不变，以便读数。使用水银体温计前，要手拿体温计上部用力向下甩，使水银柱下降到最小刻度值附近。

摄氏温度

一种使用广泛的温度。历史上它是摄氏温标所定义的温度。现在摄氏温标已废弃不用，摄氏温度有了新的定义，但在数值上，它与过去人们习惯使用的摄氏温标温度很相近。摄氏温度的单位称为摄氏度，用符号℃表示。

摄氏温标是瑞典天文学家A.摄尔修斯在1742年首先提出的一种经验温标。摄氏温标规定，在一个标准大气压下，冰水混合物的温度定为0℃，沸水温度定为100℃，中间分为100等份，每一等份就是1℃。1954年第10届国际计量大会决定采用水的三相点作为固定点来定义温度的单位，冰点已不再是温标的定义固定点了。

> **华氏温度** 华氏温度是华氏温标所定义的温度。华氏温度按一定的数学公式与摄氏温度相联系。华氏温标是18世纪初D.G.华伦海特首先提出的历史上第一个经验温标，它使得温度测量第一次有了统一的标准。华氏温标规定冰点为32度，水沸点为212度。华氏温度的单位为华氏度，用符号℉表示。

热力学温标

在科学研究中常使用热力学温标，它是国际单位制（SI）所采用的基准温标。又称绝对温标或开氏温标。热力学温标选择水的三相点为标准点。由于水的三相点温度是0.01℃，所以热力学温标规定0.01℃为标准点的温度，数值为273.16K。1K等于水的三相点的热力学温度的1/273.16。

热力学温标是一种理论温标，是英国物理学家开尔文于1848年创立的。

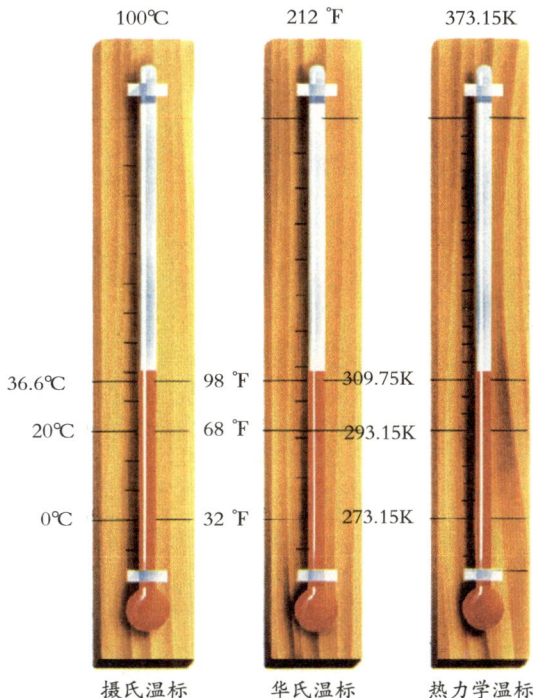

三种温标的刻度比较

绝对零度

在国际单位制（SI）中，将 -273.15℃作为测量温度的起点，称为绝对零度。

尽量地接近绝对零度是目前科学家们正在努力探索的一个重要课题。现在科学家们已经可以达到比绝对零度只高 $5 \times 10^{-10}K$ 的水平了。随着科学研究的不断深入发展，科学家们还会取得更好的成果。

热岛效应

一个地区由于人口稠密、工业集中等原因造成温度高于周围地区的现象。

热岛效应可以造成局部地区气象异常。例如，城市市区大气温度比郊区的大气温度高出 1～5℃，市区空气上升，郊区的冷空气就流入，从而形成"城市风"。市区人口越多，工业交通越发达，热岛现象也就越明显。热岛现象还会造成市区上空云量和降水量增加等影响。

热机

把内能转换为机械能的装置统称为热机。热机是热力发动机的简称。热机的种类很多，常根据燃料燃烧的方式分为内燃机和外燃机两大类。

外燃机 早期出现的动力机械装置蒸汽机，属于外燃机。外燃机是燃料在锅炉等设备内燃烧，放出的热量中有一部分传给工质（工作物质，如蒸汽等），再在发动机里将工质带来的内能的一部分转变为机械能的热机。典型的外燃机有蒸汽机、蒸汽轮机等。

热机工作时需要热源和冷源。热机先从热源吸收热量，再把热量释放到冷源，在这种吸热和放热的过程中，可以把部分内能转化为机械能。热机工作中需要的内能可以来自燃料燃烧、原子能释放、太阳照射等。热机所用的工作物质是水蒸气、燃气等气态物质。热机的应用十分广泛，如各种汽车、轮船和飞机等都使用热机。但热机只能转换吸收内能中的一部分，即热机的效率不可能达到100%。

1712年，英国人T.纽科门借鉴萨弗里发明的真空泵原理制造出早期的热机——第一台蒸汽机样机。其活塞通过摇杆横梁与抽水泵的泵杆相连

蒸汽机

最早出现的热机，它以水蒸气作为工作物质。燃料燃烧加热锅炉中的水产生高温高压的水蒸气；蒸汽进入汽缸后膨胀，推动活塞运动并做功，做功后的蒸汽排出汽缸进入大气；蒸汽机通过自身的配气机构，把蒸汽按先后顺序分配到汽缸的两端，使活塞往复运动，完成连续做功。

第一部原始蒸汽机是法国人D.帕潘于1690年发明的，在以后的100多年中得到不断改进和完善。其中英国人J.瓦特对此做出了巨大的贡献，使得原来只能进行煤矿抽水作业的蒸汽机被推广到其他行业。如1785年用于纺织行业，1807年用于轮船，1825年用于火车等。蒸汽机在18~19世纪为社会生产提供了足够的动力，大大地提高了生产能力，成为推动工业革命的重要因素。但蒸汽机效率不高且有笨重的锅炉，所以现在很少使用。

蒸汽机车

火车前进要靠机车来牵引。火车最早出现时使用的机车用蒸汽机产生动力，人们叫它蒸汽机车。1804年，英国人R.特里维西克研制出世界上第一台蒸汽机车"新城堡"号，并在轨道上行驶成功，但是这台机车没有实际应用。1814年，英国发明家 G. 斯蒂芬森设计制造出他的第一辆蒸汽机车。这辆机车自重为 6.5 吨，可牵引 30 吨载货车辆，是世界上第一台实用的蒸汽机车。1829 年，斯蒂芬森和他的儿子又设计制造出"火箭"号蒸汽机车。这辆机车在蒸汽机车比赛中，以运行可靠、速度快而得奖，并且成为后来广泛使用的蒸汽机车的鼻祖。

蒸汽机车靠蒸汽产生牵引动力。机车上装有一个大的锅炉，以燃烧煤产生的热量使锅炉里的水变成蒸汽，由蒸汽推动汽缸活塞运动，通过连杆带动机车主动轮转动，使机车牵引列车运行。但是蒸汽机车在运行中产生的烟和废气对大气污染严重。此外，它的效率低，牵引力有限，机车工人劳动强度大。因此,现在除少数地区外，在世界范围内，蒸汽机车已基本上被内燃机车和电力机车所取代。

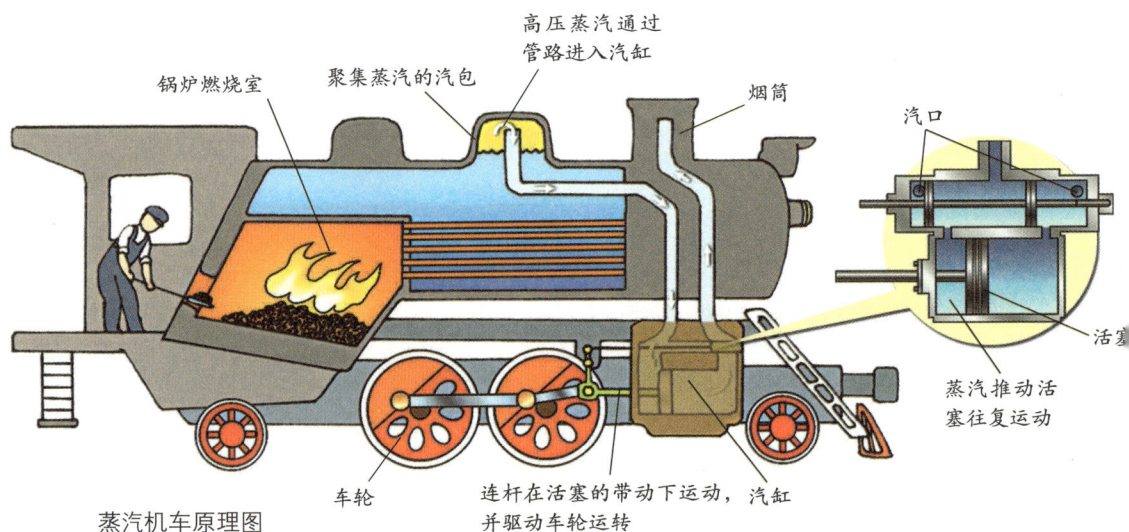

高压蒸汽通过管路进入汽缸

聚集蒸汽的汽包

锅炉燃烧室

烟筒

汽口

活塞

蒸汽推动活塞往复运动

车轮

连杆在活塞的带动下运动，并驱动车轮运转

汽缸

蒸汽机车原理图

筒状的汽缸，汽缸内有沿汽缸壁移动的活塞。工作时，燃料进入汽缸并在汽缸内燃烧，产生的高温高压气体推动活塞对外做功，然后气体被排出，内燃机再开始新一轮同样的过程，这样不断循环，内燃机可以源源不断地产生动力。喷气发动机也是一种内燃机，它是根据"起花"（一种爆竹）点火后，燃气向外喷射的同时给炮体以巨大反推力的反冲运动的原理制成的。喷气发动机有两类，一类自带燃料，它借用空气中的氧气助燃，如喷气式飞机使用的发动机；另一类自带燃料又带氧化剂，称为火箭发动机，装有这种发动机的飞行器（如宇宙飞船）可以在大气层外飞行。

最早的实用内燃机是1860年由法国人 É. 勒努瓦制造的，现在内燃机已成为主要的动力机器。

斯蒂芬森制造的"火箭"号机车，于1829年在英国利物浦到曼彻斯特的铁路上试车。由于使用了改良式的多管锅炉，机车的时速可以达到47千米，这一速度在当时是无法想象的

内燃机

内燃机是让燃料直接在机器内燃烧获得高温高压气体而产生动力的机器。内燃机根据构造、燃料、工作时的运动方式等不同，可以分成许多种类。如活塞式内燃机，它一般有圆

内燃机剖面图

内燃机车

　　以内燃机作动力机的火车头。它利用柴油在内燃机中燃烧产生的热能作为原动力，再通过传动装置形成牵引力驱动车轮前进。内燃机车的传动装置有两种。一种是电力传动，就是内燃机把燃烧柴油产生的热能转变成机械能，带动发电机发电，发出的电提供给电动机，由电动机驱动机车的车轮转动。这种内燃机车相当于电力机车，但不用架设电力系统。中国的"东风"系列机车属于电力传动的内燃机车。另一种

是液压传动，就是内燃机把燃烧柴油产生的热能转变成机械能后，通过一套液压装置转变成牵引力，驱动机车车轮转动。液压传动装置的优点是不用电机，可以节省大量昂贵的铜，同时它的重量也轻些。这使得机车降低了造价，也减轻了重量，即在同样的机车重量下，它的机车功率一般都比电传动机车大。中国的"东方红"系列机车就属于液压传动的内燃机车。

内燃机车

活塞式内燃机

　　利用燃料在汽缸内燃烧，获得高温高压气体，推动活塞

对外做功的机器。目前的绝大多数汽车都使用这类内燃机做引擎。根据所用燃料和燃烧方式不同，活塞式内燃机一般分为汽油机（点燃式）和柴油机（压燃式）两种类型。

活塞式内燃机工作时按照吸气、压缩、燃料做功、排气等过程循环进行，一般有四冲程和二冲程之分。活塞式内燃机可以用人力或用电动机启动，工作时需要用冷却介质进行冷却。

汽车

由自身动力装置驱动，具有 4 个（或以上）车轮的无轨车辆。世界上第一辆汽车是法国军官 N.J. 居纽于 1769 年用蒸汽机产生动力制造出来的。这是一辆三轮蒸汽机车，全长 7.23 米，时速达 3.6 千米。直到 19 世纪后期内燃机出现后，汽车才得到快速发展。在改进汽车性能使其更实用的过程中，许多人付出了艰辛的努力。其中美国人 H. 福特建造了大规模生产汽车的工厂，大大地降低了汽车制造的成本，使汽车进入

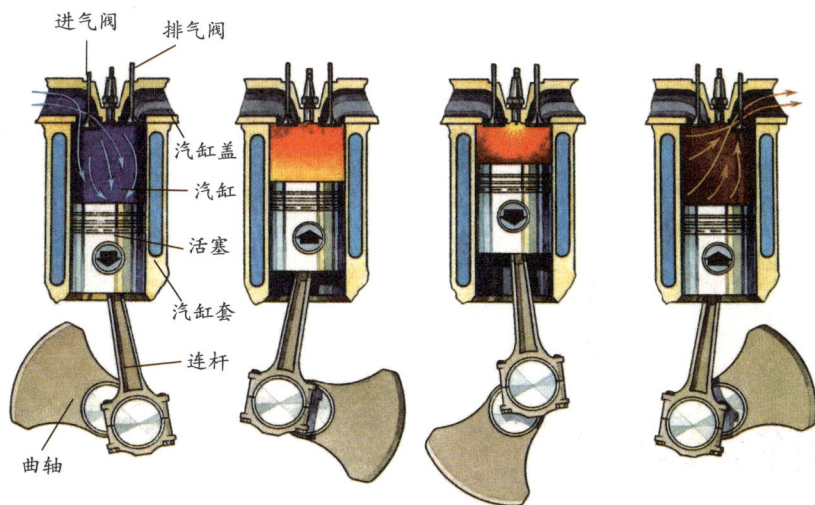

进气阀　排气阀
汽缸盖
汽缸
活塞
汽缸套
连杆
曲轴

活塞式四冲程内燃机结构图

百姓家。

一辆汽车由上万个零件组成，结构非常复杂，主要分为底盘和车身两部分。底盘上安装有动力、传动、制动等各种零部件，车身用于乘坐或装货。制造品质优异的汽车需要先进的技术和科学的管理，这是一个国家工业水平发达的重要标志。

电动汽车

以车载电能为动力源的汽车。电动汽车在行驶中没有排放污染、噪声小、不消耗燃油，有利于环境保护。此外，电动汽车能源效率高、结构简单、使用维修方便，是较为理想的汽车类型。

电动汽车按动力源类型可分为3种：①纯电动汽车，以车载电源蓄电池为动力；②燃料电池电动汽车，燃料电池是一种可以将燃料中的化学能直接转化为电能的能量转化装置，它的特点是能量转化效率高，排放物是水，不会污染环境；③混合动力电动汽车，是装有两个以上动力源的汽车，动力源包括传统内燃机、蓄电池、电动机等。

世界方程式赛车锦标赛

汽车场地赛项目最高级别比赛，简称一级方程式（F-1）。以共同的方程式（规则限制）所造出来的车称为方程式赛车。目前F-1共有10支参赛车队，每场比赛最多只有20位车手上场，每年规划有17站左右的比赛，通常在3月中开跑，10月底结束赛季。每站比赛可吸引超过10亿人次通过电视转播或其他媒体观看。

赛车车手有 10 项安全装备，主要包括：安全头盔、防火灾面罩、颈带与颈圈、手套、赛车服、内衣、赛车鞋、赛车座椅、五点式安全带和驾驶座舱。

本茨，C.

（1844-11-25 ~ 1929-04-04）
德国机械工程师，汽油机的发明者和改进者之一。他设计并制造了世界上第一辆实用的内燃机汽车。1885 年本茨制成了单汽缸二冲程三轮汽车，现保存在慕尼黑。1886 年本茨获得汽车制造的专利权。1893 年制造出四轮汽车，1899 年生产出第一辆赛车。1900 年，本茨公司（即奔驰公司）已售出 4000 辆装有三马力发动机的汽车，成为欧洲最大的汽车制造公司。1926 年本茨公司同戴姆勒汽车公司合并，继续生产奔驰牌汽车。

摩托车

以汽油发动机为动力的两轮机动车，还可挂搭边车成为三轮摩托车。摩托车按车型可分为 3 类：机动自行车、轻便摩托车和大型摩托车。

1884 年，英国人 A. 布特勒在自行车上加装一个煤油驱动机动力装置，制成了一辆三轮车，这是最早的摩托车。1885 年，德国的"汽车之父"G. 戴姆勒制成用单缸汽油机驱动的三轮摩托车，并获得了专利。

戴姆勒，G.

（1834-03-17 ~ 1900-03-06）
德国机械工程师，汽油机的发明人之一。戴姆勒于 1883 年成功制造立式汽油机。1884 年获得小型高速发动机专利，1889 年获 V 型汽缸发动机专利。1885 年他和 W. 迈巴赫将汽油发动机装在自行车上并获得专利权，成为摩托车的创始者。1886 年他制成了第一辆四轮汽车。1890 年在坎斯塔特建立戴姆勒汽车公司，1926 年该公司与奔驰汽车公司合并。

摩托车有自行车的灵活性，驾驶者的体重与车重相比常占相当大的比例，因此驾驶者重心的移动能使摩托车改变行驶状态，做转弯、车轮离地和腾空等动作。摩托车的缺点是无驾驶室，不避风雨。发生事故时，乘员容易受伤。作为交通工具，摩托车交通事故比较多，排气污染也较严重，因此许多国家不鼓励发展。

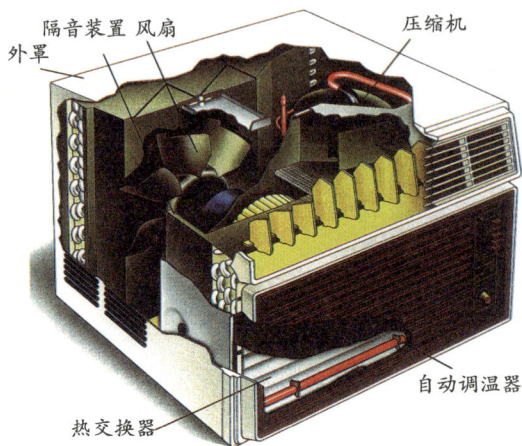

窗式空调剖面图

（图中标注：隔音装置　风扇　压缩机　外罩　自动调温器　热交换器）

制冷机

可以从物体中吸收热量使某一空间内的温度低于环境温度并保持这个低温的装置。制冷机是利用气体被压缩成液体时放出热量，而让液体汽化并自由膨胀时又能吸收热量的原理工作的。具体表现是：液化的工作物质在汽化过程中从低温物体吸收热量，然后通过外界对工作物质做功，将气体的工作物质再液化，使热量向高温物体释放，以达到维持低温的目的。这个过程是热传递过程的逆过程。空调和电冰箱都属于制冷机。

制冷机的工作物质采用容易液化的物质，如氨或氟利昂。由于氟利昂等氯氟碳化物进入大气层后，会破坏大气层中的臭氧层，所以现在的电冰箱和空调限制使用氟利昂制冷剂。家用制冷机所能达到的温度都不很低。要得到非常低的温度，需使用凝点更低的气体作为工作物质，如氢、氦等，但使这些气体液化需要特殊装置。

电冰箱

一种可以冷藏或冷冻食品

的常用制冷机。电冰箱的核心部分是压缩机，压缩机中储存着一些导热性很好又易于液化的气体，称为制冷剂。压缩机工作时，气态制冷剂被压入冷凝器使其液化，温度升高的制冷剂通过冷凝器的散热装置将热量传递到冰箱外，液态制冷剂经过节流阀进入蒸发器，在蒸发器里迅速汽化，吸收冰箱内储存物品的热量，使冰箱内温度降低，如此不断重复，电冰箱就达到了制冷的效果。

分子动理论

分子动理论认为物质是由不停运动着的分子所组成，并以分子运动的集体行为来说明物质的有关物理性质。分子动理论的主要内容有3点：①一切物体都是由大量分子组成的，分子之间有空隙；②分子做永不停息的无规则运动，这种运动称为热运动；③分子间存在

相互作用着的引力和斥力。

> **布朗运动** 1827年，英国植物学家R.布朗在用显微镜观察悬浮在水中的花粉时发现，花粉在做不停的无规则的运动。后来人们把悬浮在液体（或气体）中的微小颗粒（直径约为1微米）所做的永不停息的无规则运动叫作布朗运动。需要指出的是：①布朗运动是小颗粒的运动，不是单个分子的运动，因此布朗运动不是热运动，只是反映了分子的热运动；②悬浮颗粒越小，温度越高，布朗运动越激烈。

无数客观事实证明了分子动理论的正确性，其中布朗运动、扩散现象等就是典型例证。分子动理论不仅很好地解释了各种不同物质的结构和特点，也可以解释固体、液体和气体的热现象（大量分子热运动的集体表现），并把物质的宏观现象和微观本质联系起来。分子动理论的深入发展，促进了统计物理学的发展。

扩散

不同物质在接触时，没有受到任何外力影响而能彼此进入对方的现象。发生扩散的条

件是物质分子浓度分布不均匀。固体、液体、气体自身及相互间都可以发生扩散现象。一般来说，扩散是向着浓度较小的方向发生，使扩散物质的分子分布趋向均匀。浓度差越大，温度越高，物质颗粒越小，扩散速度越快。

表面张力

液体表面相邻两部分间的相互牵引力。在水面上放一个小木片，在小木片的一头涂一些肥皂，木片就会往另一头的方向移动，这是由于有肥皂的一端的表面张力变小了，小木片就被另一端的表面张力拉动了。

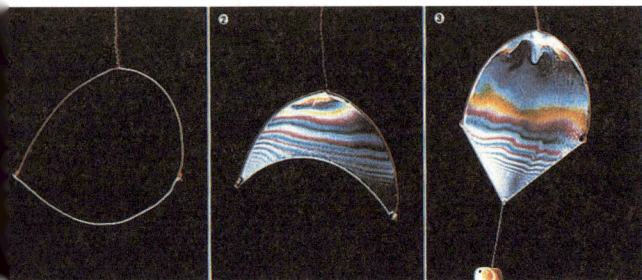

左图的铁丝框下悬挂着一根细线；中图是将线框浸过肥皂液后，细线靠近铁丝；右图是用手拉细线时，手会感觉到力的作用，这说明肥皂液膜具有表面张力

表面张力是液体表面分子间的吸引力形成的、使液体表面自动收缩的力。在表面张力的作用下，液体表面有收缩到最小的趋势，如雨后荷叶上的小水滴呈球形或椭球形。所有液体都有表面张力。表面张力的大小与液体的性质、纯度和温度有关。毛笔从水中取出，笔毛会聚集在一起，就是表面张力存在的结果。

浸润和不浸润

液体附着在固体表面上的现象叫作浸润。液体不附着在固体表面上的现象叫作不浸润。浸润和不浸润现象，是分子力作用的表现。当液体与固体接触时形成跟固体接触的液体薄层称为附着层，它受固体分子的作用（附着力）和液体分子的作用（内聚力）。当附着力大于内聚力时，液体表现出浸润固体；当附着力小于内聚力时，液体表现出不浸润固体。由于浸润现象，细玻璃管中的水面呈凹形；由于不浸润现象，玻璃管中的水银面呈凸形。

毛细现象

将内径很小的管子——毛细管插入液体中，管内外液面产生高度差的现象，称为毛细现象。当构成毛细管的固体材料被液体浸润时，管中液面升高并呈凹状；不浸润时，管中液面下降并呈凸形。

毛细现象在自然界、科学技术和日常生活中都起着重要作用。大量多孔性的固体材料在与液体接触时即出现毛细现象。纸张、纺织品、粉笔等物体能够吸水就是由于水能浸润这些多孔性物质从而产生毛细现象。人们在工程技术中，常常利用毛细现象使润滑油通过孔隙进入机器部件去润滑机器。

自来水笔

人们写字时常用的书写工具。用自来水笔写字时，笔中的墨水能不断地流出，靠的是浸润和毛细作用。在自来水笔中，笔尖和储存墨水的笔胆之间的部分有许多做好的细缝，因毛细现象墨水沿细缝到达笔尖。因为笔胆外的大气压强比笔胆内的压强稍大，所以停笔后墨水不再流出。当笔尖用力接触到纸时，墨水就附着在纸上，留下字迹。第一支实用型的自来水笔是美国人 L.E. 沃特曼于 1884 年制造的。

光

通常说的光是可以引起人的视觉的电磁波，这部分电磁波在真空中的波长范围是 400 ~ 760 纳米，称作可见光。不同波长的光，人眼看起来呈现不同的颜色，波长由长到短依次呈现红、橙、黄、绿、青、蓝、紫等色,因此人们可以看到五彩缤纷的世界。其中人眼对波长为 0.55 微米的黄绿色光最敏感。广义的光还包括红外光和紫外光,有时将 X 射线也列入光波的范围。

能够自行发光的物体,我们叫它光源。对地球上的一切生物来说,最大的光源是太阳。光可以在真空或介质中传播。人们对光的认识步步深入,已经认识到光具有波动性和粒子性的"波粒二象性",光还能产生折射、散射、反射等现象。

红外线

波长介于红光和无线电波微波之间的电磁波。又称红外光。红外线在真空中的波长范围为 760 纳米 ~ 1 毫米。

红外线是英国天文学家 F.W. 赫歇耳在 1800 年发现的。一切物体都可以发射红外线。利用红外摄影可得到景物的照片,用红外线夜视仪可观察到肉眼看不到的目标。在卫星遥

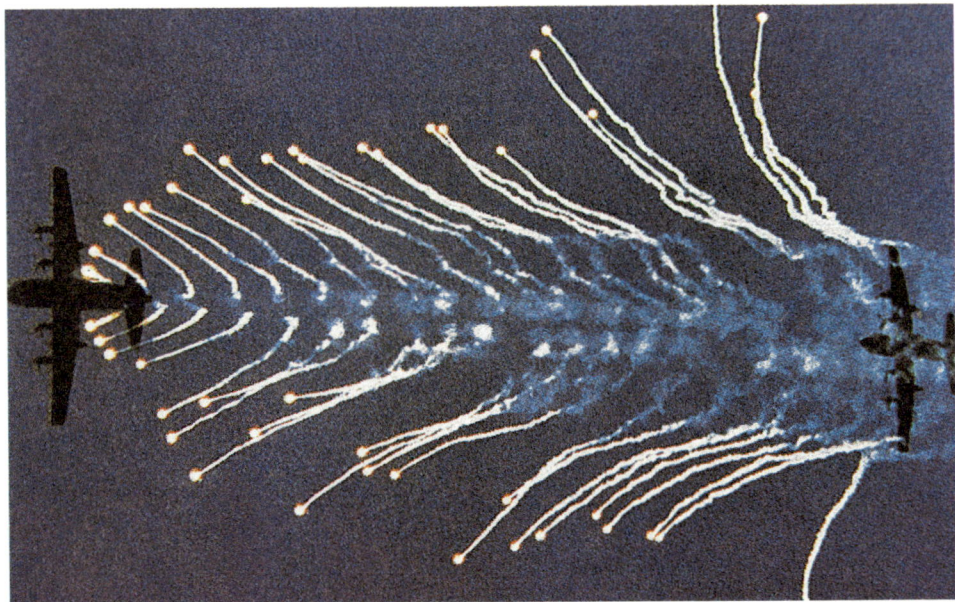

飞机投掷红外诱饵弹

感、遥测技术中，红外线是一个重要波段。军事上常利用红外线制导导弹。红外线遥控技术广泛应用于电视机、录像机等民用产品中。

赫歇耳，F.W.
（1738-11-15 ~ 1822-08-25）
英国天文学家、恒星天文学的创始人，第一个确定了银河系形状大小和星数的人。1776 年他用自制的反射式望远镜观测天象，到 1781 年发现天王星。1783 年根据 7 颗恒星的自行，发现太阳在空间运动。1800 年赫歇尔利用温度计在日光谱红端以外观察到增温现象，确定为一种新的射线，即红外线。赫歇尔制造了一系列大望远镜，进行了很多开创性的观测工作。

红外线烤箱

由红外线灯泡产生红外线，利用其热效应来工作的电器。由于红外线波长较长，进入物质内部后被物质吸收并转化为内能的能力强，加热速度快，所以红外线烤箱可以用来加热食品。但它只能在红外线照射到的食品表面产生热效应，因此需要转动食品才能使其前后左右均匀加热。利用红外线烤箱灭菌类似于干烤灭菌，多用于医疗界。

紫外线

波长介于紫光和 X 射线之间的电磁波。又称紫外光。紫外线在真空中的波长范围为 10 ~ 400 纳米。

紫外线是德国物理学家 J.W. 里特于 1801 年发现的。一切高温物体，如太阳、弧光灯发出的光都含有紫外线。紫外线的化学作用显著，很容易使照相底片感光。紫外线能使许多物质激发荧光。另外，紫外线还有杀菌消毒作用。但过强的紫外线能伤害人的眼睛和皮肤，如电焊的弧光中有过强的紫外线，因此电焊工工作时须穿工作服，并使用防护面罩。

荧光效应

某些物质在受到外来光线或高能粒子的照射时，能发出荧光的现象。荧光是余辉（当照射停止，发光仍能持续一段时间的现象称为余辉）时间与发光体温度无关的发光现象。能产生荧光的物质称为荧光物质。

紫外线有很强的荧光效应，能使许多物质发出荧光。日光灯发光是紫外线荧光效应的应用实例。农业上诱杀害虫用的黑光灯与日光灯相似，也是用紫外线来激发荧光物质发光的。验钞机同样用荧光效应束辨别钱的真伪。

紫外线摄影

利用紫外线进行的摄影。紫外线的化学作用强，很多物质都能吸收、反射或透射紫外线。紫外线与可见光有明显的差异，这使得紫外线摄影可以获得与白光照相完全不同的图像，并能展现更多的信息，区分出物质间的细微差别。例如，紫外线摄影能清晰地分辨出留在纸上的指纹。

紫外线摄影的镜头要用能透过紫外线的石英玻璃等做透镜。拍摄时可直接紫外摄影，也可以紫外荧光摄影。

X 射线

波长介于紫外线和 γ 射线之间的电磁波。俗称 X 光，又称伦琴射线。它是高速电子流射到固体上产生的不可见光线。在真空中，X 射线的波长范围是 0.001 ～ 10 纳米。高速电子流射到任何固体上，都能产生 X 射线。

X 射线是德国物理学家 W.K. 伦琴于 1895 年发现的，开始因不知道这种光的本质，就称它为 X 射线。

伦琴，W. K.

（1845-03-27 ～ 1923-02-10）

德国实验物理学家。1895 年 11 月 8 日，伦琴在进行阴极射线实验时发现了不寻常的现象：相距 2 米远的一块涂有荧光物质的硬纸板上出现了一片亮光，并且它能使包在黑纸里的照相底片感光。伦琴深入研究这种看不见的射线，终于获得了结果，并将其称为 X 射线。后来，人们为了纪念伦琴的发现，又把这种射线叫作"伦琴射线"。1901 年，第一届诺贝尔物理学奖也颁给了伦琴。

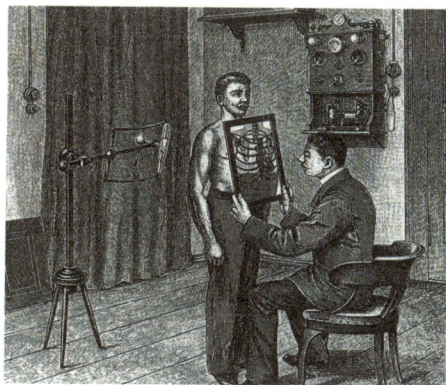

这幅 1903 年的绘画，显示一名医生正用 X 射线检查病人。当时人们并不完全了解过度照射放射线的危害，因此病人与医生都暴露在大量放射线中

X 射线的波长很短，因此穿透本领很强，在医学上常用作人体透视，检查体内的病变和骨骼情况。在工业上用作零件探伤，检查金属部件有无砂眼、裂纹等缺陷。X 射线能使荧光物质发光、照相乳胶感光、气体电离。但长期接触 X 射线对身体是不利的，所以实际使用中要对人体加以保护。

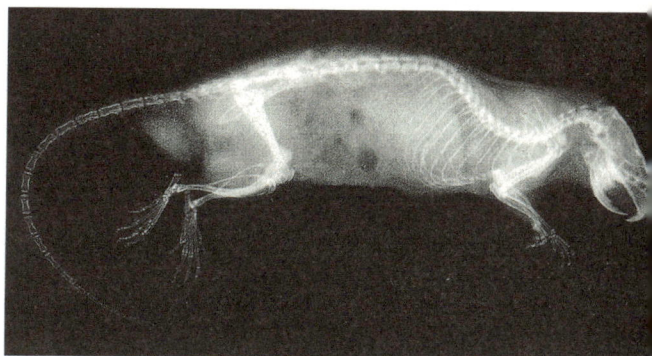

图为早期 X 射线实验小鼠，不用解剖就可以看清它的骨架

零件探伤

让零件通过 X 射线区，通过荧光屏观测 X 射线通过零件后的情况，就可以检查零件内有没有砂眼、裂纹等缺陷，这就是零件探伤。X 射线能对零件探伤，是因为 X 射线的波长很短，穿透本领很强。X 射线

不能被人眼看到，但可以让 X 射线照射到荧光物质上发光再行观测。零件探伤也可以用波长更短的 γ 射线进行。

放射病

放射性损伤的一种。它是 X 射线、α 射线、β 射线、γ 射线等作用于人体后引起的一种全身性疾病。患病者初期出现头晕、乏力、恶心、呕吐等症状，继而出现造血功能障碍，内脏出血，组织坏死、感染或恶性病变等，伴随有人体毛发脱落现象。放射病分急性和慢性两种。急性放射病是人体在短期内受到大量放射线照射引起的。慢性放射病是人体长期多次受小量放射线照射引起的。放射病可以预防，一定要遵守安全操作规程。如在 X 射线下工作的人员，要用含铅的橡皮围裙、手套和铅玻璃眼镜来保护身体各部位。

光源

通常指能发出可见光的发光体，如太阳、照明灯、霓虹灯等。物理学中的光源指能够发光（包括可见光和不可见光，如红外光、紫外光等）的物体，也就是能发出一定范围电磁波的物体。

按光的激发方式，光源可以分为热（辐射）光源和冷（辐射）光源。热光源如太阳、白炽灯、弧光灯等，光辐射性质主要取决于温度，当温度升高时，光源的亮度和颜色都将发生变化。冷光源如荧光灯、水银灯、萤火虫等，光辐射性质主要取决于物体的性质，不同物质可以发出不同波长的光。激光器是一种新型光源，具有发射方向集中、亮度高等优点。

随着光谱学的发展，对光源光谱的研究，可以分析发光物质的结构和成分，为人类认识物质世界提供了便利。

光速和光年

光速一般指光在真空中传播的速度，用 c 表示。目前公认的光速 $c = 299792458$ 米 / 秒，一般取 $c = 3 \times 10^8$ 米 / 秒，即 30 万千米 / 秒。光速也是所有电磁波在真空中的传播速度，是重要的物理常量之一。

光年表示光在真空中一年的时间内所传播的距离，1 光年等于 94605 亿千米。光年常用符号 ly 表示。光年不是速度的单位，而是天文距离的单位，一般用它做单位来度量天体之间的距离，如天狼星距地球 8.65 光年（合 8.18×10^{16} 米）。

光的反射

光从一种介质射到与另一种介质的分界面上时，一部分光改变传播方向回到原介质里继续传播的现象。在物理学中，一般把传播光的物质叫作介质，又称媒质。空气、水、玻璃等都是传播光的介质。

光在反射时遵循如下的规律：反射光线跟入射光线和法线在同一平面上，反射光线和入射光线分别位于法线两侧，反射角等于入射角。这就是反射定律。光的反射定律是几何光学中的基本规律之一，它确定了反射现象中反射光线的方位。

由于两种介质的交界面的平滑程度不一样，会出现两种不同的反射现象。如果界面非常平滑，像镜面、平静的水面等，能使平行入射光线沿同一方向平行地反射出去，这种反射叫镜面反射。如果界面粗糙不平，沿同一方向射到界面上的光线将沿不同的方向反射，这种反射叫作漫反射。人眼可以在不同方向上看见本身不发光的物体，靠的是漫反射。需要指出，无论镜面反射或漫反射，每一细束光线均遵从反射定律。

全反射原理

光从光密介质（在该介质中光速大，比如水）射向光疏介质（在该介质中光速小，比如空气），当入射角大于某一角度（即临界角）时，折射光线消失，只剩下反射光线的现象。

1870 年的一天，英国物理学家 J. 丁达尔到皇家学会的演讲厅讲光的全反射原理。为了形象地说明这个原理，他做了一个简单的实验：在装满水的木桶上钻个孔，然后用灯从桶上边把水照亮。人们惊奇地看到，放光的水从水桶的小孔里流了出来，水流弯曲，光线也跟着弯曲。在丁达尔的实验中，表面上看，光好像在水流中弯曲前进。实际上，在弯曲的水流里，光仍沿直线传播，只不过在水流内表面上发生了多次全反射，使光线沿着水流传播。后来人们根据全反射原理成功研制了光导纤维。

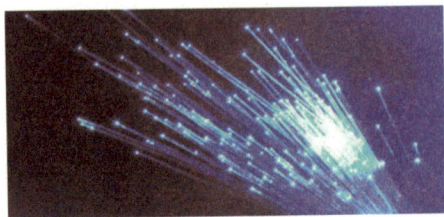

光导纤维

> **光导纤维**　光导纤维是一种由石英玻璃制成、能传输光线、结构特殊的纤维，简称光纤。不论如何扭曲，当光线以合适的角度射入光纤时，光都会沿着弯曲的光纤前进，大部分光线可以经光纤传送至另一端。多股光导纤维做成的光缆可用于通信，它的传导性能良好，传输信息容量大，1 条通路可同时容纳 10 亿人通话，并可以同时传送上千套电视节目。

平面镜

平面镜可以是一块有平滑表面的金属板，如青铜镜；也可以是一块有平滑表面的玻璃板，在其一面涂上银或其他发亮的金属做成，俗称玻璃镜。平面镜可以成像，也可以用来控制光路。

根据光的反射定律，物体发出的光（包括反射光）经平面镜反射后所成的像，是正立

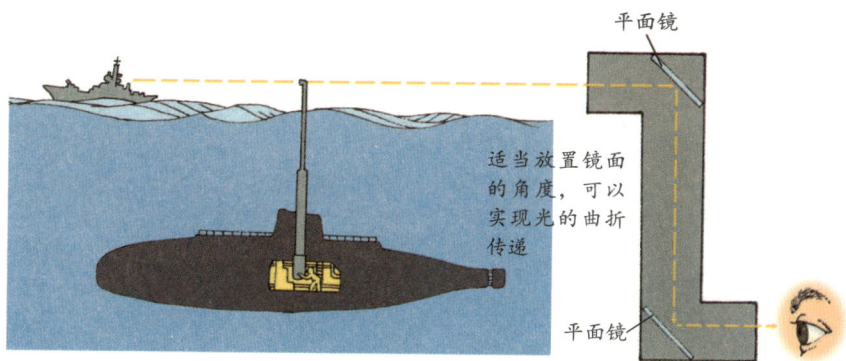

适当放置镜面的角度，可以实现光的曲折传递

平面镜

平面镜

平面镜在潜望镜中的应用

的虚像，像和物体等大，且二者对称于镜面，这使光看起来好像是从镜子后面出来似的。平面镜可以用来改变光线的行进方向，所以常用来控制光路，简单的潜望镜就是利用平面镜改变光线的行进方向达到潜望的目的。

球面镜

镜面的反射面是球面一部分的面镜就是球面镜，它是工程上常用的一种反射镜。用球面的凹面做反射面的叫作凹面镜（简称凹镜），用球面的凸面做反射面的叫作凸面镜（简称凸镜）。凹镜对光有会聚作用，凸镜对光有发散作用。利用凹面镜对光的会聚作用，可以使反射光束更为集中，如太阳灶就利用了这一点。利用凸面镜的发散作用，可以扩大观察范围，因此汽车的后视镜都做成凸面镜，以提高行驶的安全性。

哈哈镜 哈哈镜是一种特制的玻璃镜，镜面凹凸不平，是由不同球面按不同方式组合的复合面镜。面对哈哈镜时，由于凹面镜和凸面镜对光线的会聚作用和发散作用，使身体的有些部位被放大，有些部位被缩小，人像奇形怪状，像一个"怪物"，惹人发笑，因此人们给这种镜子起名叫"哈哈镜"。

"哈哈镜"的镜面不规则，
在反射时使人像扭曲，令人发笑

太阳能灶

利用太阳能辐射，通过大面积凹面镜获取热量进行炊事的设施。它把太阳光会聚于凹面镜焦点处，再反射到锅底上对锅里的食品加热，更有效地利用太阳能。太阳炉的原理与太阳能灶相同，只是凹面镜面积更大一些，聚集的太阳能更多一些。如果采用涂铝涤纶薄膜作为反射材料制成伞形太阳能灶，则便于携带，适合野外使用。

光的折射

光在同一种均匀介质里是沿直线传播的。当光由第一种介质射到与第二种介质相接的分界面上时，可能会有一部分光进入第二种介质，而且传播的方向也可能发生改变，这种现象称为光的折射。光的折射遵循折射定律：折射光线位于入射光线和法线所决定的平面内；折射光线与入射光线分处在法线两侧；如果光线是从真空斜射入某一种介质时，则折射角小于入射角；如果光线从某一种介质斜射向真空时，若有折射光线，则折射角大于入射角。

光的折射定律是 1621 年荷兰科学家 W. 斯涅耳在实验中发现的，所以又称斯涅耳定律。光的折射定律是几何光学的基本定律之一。日常生活中，光的折射现象普遍存在，如人在岸上看到的水深要比真实水深显得浅一些。光的折射有很多应用，如放大镜、眼镜、望远镜等都利用了它的原理。

海市蜃楼

剧烈的温度梯度使光线发生显著折射时，在空中、海上或地面附近及地平线下出现的奇异幻影。海市蜃楼的形成过程是：当地面与上层空气产生强烈温差时，近地面层的空气密度差异很大，地面景物的反射光在这种密度不同的空气中传播时，在不同密度空气层的界面上连续发生折射和全反射，最终投影到很远的地方成像，从而形成海市蜃楼。旅行者在沙漠中旅行，航海者在海洋上航行时，都可能见到海市蜃楼。

海市蜃楼

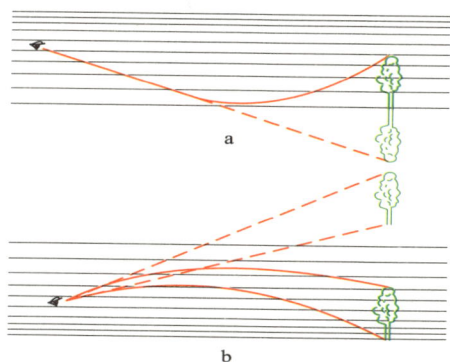

下现蜃景和上现蜃景

光谱

光源所发出的光波经分光仪器分离后，各种不同波长成分的有序排列。光谱是研究和认识微观世界的重要手段。光谱的种类很多，按波长范围可分为可见光谱、红外光谱、紫外光谱等；按产生的方式可分为发射光谱、吸收光谱、散射光谱等；按光谱形态可分为连续谱、线状谱、带状谱等。

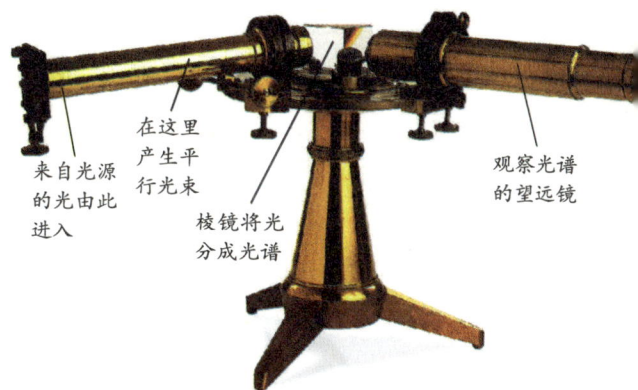

来自光源的光由此进入

在这里产生平行光束

棱镜将光分成光谱

观察光谱的望远镜

1859 年，由德国化学家 R.W. 本生和物理学家 G.R. 基尔霍夫发明的分光镜，可以将光分解成能够拍摄和测量的线性形式

物体发光直接产生的光谱叫作发射光谱。发射光谱有连续谱和线状谱，其中连续谱为炽热的固体、液体和高压气体发射的光谱，线状谱为稀薄气体发射的光谱。高温物体发出

的白光通过低温物质时，某些波长的光被物质吸收后得到的光谱叫作吸收光谱。太阳光谱是典型的吸收光谱。无论是线状谱还是吸收光谱都可以用来做光谱分析。光谱分析可以鉴别物质和确定物质的化学组成，是重要的化学检测手段。

三棱镜

　　光学中常用的一种横截面为三角形的棱镜，简称棱镜。三棱镜是一种折射棱镜。它的作用主要是改变光的行进路线，即改变光路。1666年，物理学家 I. 牛顿用三棱镜发现了白光是由红、橙、黄、绿、青、蓝、紫7种颜色组成的。三棱镜中横截面是等腰直角三角形的棱镜叫全反射棱镜。在光学仪器里，常用全反射棱镜改变光线的传播方向，如用在潜望镜中。在光学分析中要使用分光镜，其中有一块三棱镜，目的是让

复色光通过三棱镜后形成一条彩色光带。

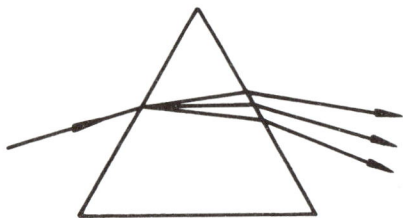

三棱镜分光原理图

光的色散

　　介质折射率随光波频率（或真空中的波长）而变的现象。利用色散性质可将复色光（如白光）分解成单色光而形成光谱。光的色散是光和物质相互作用的结果。能够发生色散的光叫复色光，不能发生色散的光叫单色光。

美丽的彩虹是由日光色散形成的

　　光的色散中，各色光通过棱镜时的偏折角度不同，表明

各色光以相同的入射角射入棱镜时产生的折射角不同，可见棱镜材料对于不同的色光有不同的折射率。由于红光的偏折角度最小，紫光的偏折角度最大，说明棱镜材料对红光的折射率最小，对紫光的折射率最大。各色光在同一介质中的折射率不同，是因为它们在同一介质中的传播速度不同，红光的传播速度最大，紫光的传播速度最小。

颜色

颜色是眼睛对不同波长的光的感觉。物体的颜色是由射入人眼的光波的频率决定的。

物体颜色的成因是复杂的。不透明物体，往往以反射光的颜色显示为物体的颜色。透明物体，往往以透射光的颜色显示为物体的颜色。如白光通过紫色玻璃，使其呈现紫色，透明的海水是通过散射而呈现出蔚蓝色，彩虹是云层中的小水珠折射阳光产生的。

三原色

颜色中不能分解的基本色。人眼看到的颜色可以用3种基本的色光红、蓝、绿组合得到，人们称它们为三原色，也称三基色。将三原色按照不同的比例加以混合，就可以得到不同的色彩。如把红色和绿色混合就得到黄色，绿色和蓝色混合就得到青色，红色和蓝色混合就是紫色，而红、绿、蓝3种色光混在一起就是白色。三原色的原理在实际生活中有很多应用，如彩色电视机的显像管、彩色照片等。

三原色示意图

一次色

美术工作者用颜料作画，颜料有不同颜色的主要原因是它们有独特的选择吸收某种色光的特性，如黄色颜料吸收蓝色，紫色颜料吸收绿色等。正是由于这种原因，对颜料的三原色的确定与物理的三原色有所差别。

在美术里，红、黄、蓝被称为颜料的三原色或一次色。绘画或彩色印刷时，可用三原色的颜料调配成各种颜色加以使用。

交通信号灯

用于给互相冲突的交通流分配有效的通行权，以提高道路交通安全和道路容量的一类交通灯。分为两种：一种给出方向性信号、显示单一颜色，如红绿灯；另一种带有符号，表示特定内容，如人的走和停、车辆的前进方向等。

第一批交通信号灯于1868年出现在伦敦十字路口。这些信号灯有机械操纵臂和彩色煤气灯，供夜间使用。拥有红、绿信号的现代交通信号灯是1912年在美国盐湖城首先使用的。第一批三色信号灯是1920年在纽约开始使用的。

雾灯 雾天，汽车要开亮雾灯，以照亮道路并提示前方对面的其他车辆的司机，以减少交通事故。雾灯就是雾天使用的灯。雾灯的灯光容易穿过灰尘或雾中的小水滴，因此在雾天、雨天、大雪天、沙尘天气时，用雾灯可照射更远处。

雾灯广泛应用在汽车、轮船等交通工具上。中国汽车前雾灯颜色多为黄色，后雾灯多为红色。

透镜

由透光材料（如光学玻璃、水晶、透明塑料等）磨制成的两个折射面都是球面，或一面是球面另一面是平面的透明体。它是一种非常重要的光学元件。透镜可分为凸透镜和凹透镜两大类。凸透镜是中央部分比边缘部分厚的透镜，对光线有会聚作用。凹透镜是中央部分比边缘部分薄的透镜，对光线有发散作用。

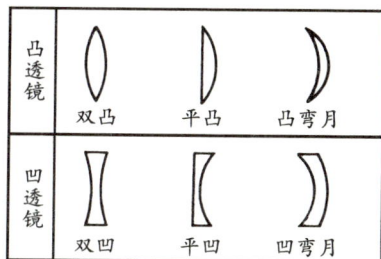

透镜的中心一般叫作光心。过构成透镜的两个球面的球心的连线或过构成透镜的一个球面的球心并垂直于另一平面的直线叫作透镜的主光轴。对于薄透镜，主光轴一定过光心。

平行于主光轴的入射光线经凸透镜折射后会聚于凸透镜另一侧主光轴上的一点，这一点就是凸透镜的焦点。对于凹透镜，平行于主光轴的入射光线经凹透镜折射后是发散的，但折射光线的反向延长线交于主光轴上一点，这一点就是凹

透镜的焦点。由对称性可知，凸透镜和凹透镜都有两个焦点，它们以光心为对称点，位于透镜两侧的主光轴上。从透镜的焦点到光心间的距离，叫作透镜的焦距。透镜的主要用途是成像。透镜成像中，当物体的位置改变时，像的位置、大小、性质随之改变。

实像与虚像

像是从物体发出的光线经光学器件（透镜、反射镜、棱镜等）后所形成的与原物相似的图像。

像有实像和虚像两种。实像是指从物体发出的光线经光学器件后实际的反射光线或折射光线会聚而成的像，可以在屏幕上呈现出来，如照相底片上、电影屏幕上所成的像是实像。虚像是指物体发出的光线经光学器件后的反射光线或折射光线的反向延长线相交而成

的像。由于虚像不是实际光线的交点形成的，所以不能在屏幕上显现出来，只能用眼睛观察或拍摄下来，如平面镜、近视眼镜、望远镜等助视仪器观察到的物体的像都是虚像。透镜成像中，凹透镜只能成正立缩小的虚像；凸透镜在物距（物体到透镜的距离）大于焦距时成放大或缩小的倒立的实像，在物距小于焦距时成正立放大的虚像。

眼镜

矫正视力的眼镜有近视镜和老花镜，分别用来矫正近视眼和远视眼的视力。近视眼和远视眼都是物体成像不在视网膜上，眼镜片可以使物体的图像准确地落在视网膜上，使眼睛看物体更清晰。如远视眼是平行光的会聚点落在视网膜后，佩戴凸透镜后使光会聚，像落到视网膜上。

近视镜 近视眼将从无穷远处射来的平行光线会聚在视网膜前，为了矫正，应该用适当的凹透镜做眼镜，使入射的平行光经凹透镜发散后再射入眼睛，会聚在视网膜上。透镜焦距的倒数叫作焦度，其国际单位是屈光度。眼镜的度数指眼镜的焦度以度为单位的数值，1 度为 1 屈光度的 1/100。例如，焦距为 -25 厘米的凹透镜，焦度为 -4 屈光度，则用此镜片所制的近视镜的度数为 -400 度。

光学显微镜

利用可见光照明，使微小物体放大成像的仪器。一般光学显微镜主要由 1 个目镜和 1 个物镜组成。目镜和物镜都是由几个透镜适当配置而成的透镜组，各相当于一个凸透镜。物镜焦距较短，目镜焦距较长。被观察的物体先经物镜成一放大的实像，再经目镜放大后得一放大的虚像，眼睛通过目镜观察放大的虚像。此外，显微镜中还有调焦、照明、拍摄等装置，是非常精密的光学仪器。

光学显微镜受使用可见波波长的限制，放大倍数有限，当物体细小到比光的波长还小时，由于光的衍射，用光学显微镜就看不到清晰的像了，这时就要采用电子显微镜等仪器进行观察。

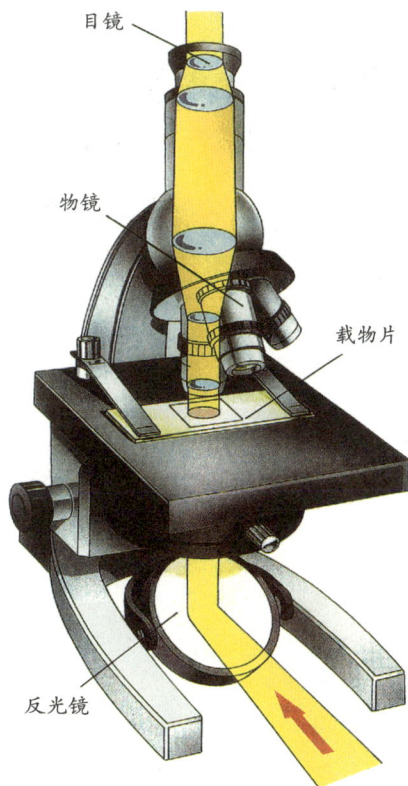

目镜

物镜

载物片

反光镜

显微镜的放大过程是：反光镜发出的光通过标本反射到物镜，物镜使标本第一次放大，物镜所形成的实像再被目镜放大

电子显微镜

用电子束代替光学显微镜的光束来放大样品图像的显微镜。电子显微镜利用磁场来做透镜，根据其基本工作原理的不同，可以将它分为通用式电子显微镜和扫描式电子显微镜。通用式电子显微镜是在一个高真空系统中，由电子枪发射电子束，穿过被研究的试样，经电子透镜聚焦放大，最后在荧光屏上显示放大的图像。如果用电子束在试样上逐点扫描，然后利用电视原理进行放大成像显示在电视显像管上，就称为扫描式电子显微镜。电子显微镜可看到单个分子、某些病毒等，广泛应用于金属物理学、高分子化学、医学、生物学等领域。

离子显微镜 离子显微镜出现在1951年，是由 E.E. 缪勒发明的一种高分辨率、可直接观察金属表面原子分布的分析装置。场离子显微镜是点投影显微镜，没有磁或静电透镜，而是由成像气体的"场电离"过程来完成成像。后又与飞行时间质谱仪组成一种联合分析仪器——原子探针场离子显微镜。20世纪末，场离子显微镜用于观察固体表面原子的排列，研究晶体缺陷，以及观察原子的三维分布状况等。

扫描隧道显微镜

20 世纪 80 年代初期出现的一种新型表面分析工具，能够操纵原子，简称 STM。它的基本原理是量子力学的隧道效应和三维扫描。STM 工作时，用一个极细的尖针（针尖头部为单个原子）去接近样品表面，当针尖和样品表面靠得很近，即小于 1 纳米时，针尖头部的原子和样品表面原子的电子云发生重叠。此时若在针尖和样品之间加上一个偏压，电子便会穿过针尖和样品之间的势垒而形成纳安级的隧道电流。通过控制针尖与样品表面间距，并使针尖沿表面进行精确的三维移动，就可将表面形貌和表面电子态等有关信息记录下来。扫描隧道显微镜具有很高的空间分辨率，横向可达 0.1 纳米，纵向可高于 0.01 纳米。它主要用来描绘表面三维的原子结构图，在纳米尺度上研究物质的特性。利用扫描隧道显微镜还可以实现对表面的纳米加工，如直接操纵原子或分子完成对表面的剥蚀、修饰及直接书写等。

观测和探查样本的光学显微镜

光学显微镜反光镜

探测器定位控制旋钮

电子设备和计算机接口

扫描隧道显微镜（局部）

望远镜

观测远处物体的光学仪器。望远镜中有一组重要的元件就是凸透镜，其中对着观测物体的叫物镜，用来聚集光线；对着眼睛的叫目镜，用来观看已聚焦好的影像。也可用凹面镜作物镜，它也一样起聚焦光线的作用，这样的望远镜称反射望远镜。这种构造尽管使得看到的图像是倒立的，却能得到高放大倍数的放大效果，一般在天文观测中用到。在军事、科学考察中使用的望远镜，是在这样的望远镜中再装上转像装置，这样就得到了正常的图像。除了透镜外，望远镜还有许多组成部分，如焦距调节、保护等装置。在天文望远镜上还要安装照相装置，星空的照片就是通过望远镜拍摄的。

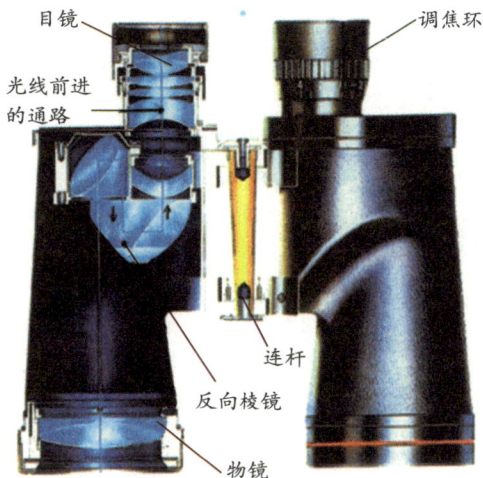

目镜

光线前进的通路

调焦环

连杆

反向棱镜

物镜

双筒望远镜结构示意图

天文望远镜

用于天文观测的望远镜。

天文望远镜在天文学研究中起着重要作用，人们利用它观察宇宙，获得了许多重要的发现。

牛顿用面镜取代透镜制成了反射式望远镜，这种设计原理沿用至今

开普勒天文望远镜是德国天文学家 J. 开普勒于 1611 年发明的，由焦距长的物镜和焦距短的目镜组成，二者均为会聚透镜，且目镜的前焦点与物镜的后焦点重合。物镜得到天体的倒立缩小的实像，目镜再成放大的虚像，人眼看到的是放大的虚像。反射望远镜是英国物理学家 I. 牛顿于 1668 年发明的。他用一面很大的凹面镜作物镜，将天体射来的光线向凹面镜的焦点会聚，再由一面小平面镜反射会聚成实像，再经旁边的目镜（会聚透镜）放大。

潜望镜

一种特殊的望远镜。它是让观测目标发出的光先通过一组镜子的反射，再经过望远镜放大，使观测者可以很隐蔽地进行观测。原始的潜望镜是用两个平面镜把光线进行两次方向改变的装置。现代潜望镜的结构复杂，主要包括两个全反射棱镜和由透镜组成的两组望远镜。全反射棱镜改变光的行进方向，望远镜起放大望远作用。现代潜望镜在军事、科研中有着广泛的用途。

电影放映机

把影片上记录的影像和声音，配合荧幕和扩音机等还原出来的设备。放映时进行两项工作，一是将电影胶片的画面放大并连续快速地投射到银幕上，形成活动画面；二是将电影胶片上记录的声音信息还原出来。二者同步进行，就出现逼真的效果。为了达到某些特定效果，还常常采用一些特殊放映形式，如环幕电影、穹幕电影、巨幕电影、全息电影等。

电影胶片 电影胶片是电影工作者用摄像机拍摄制作出来的许多幅有画面的透明胶片。在这些透明胶片上不仅记录着画面，而且记录着声音。电影胶片上每一幅画面都是一张正片，像照片一样。比较两幅相邻画面，几乎看不出它们的差别。这是拍摄中摄像机自动将1秒内的变化分别记录在24幅画面上的结果。电影胶片上也记录着与画面同期的声音所转换成的光信号。

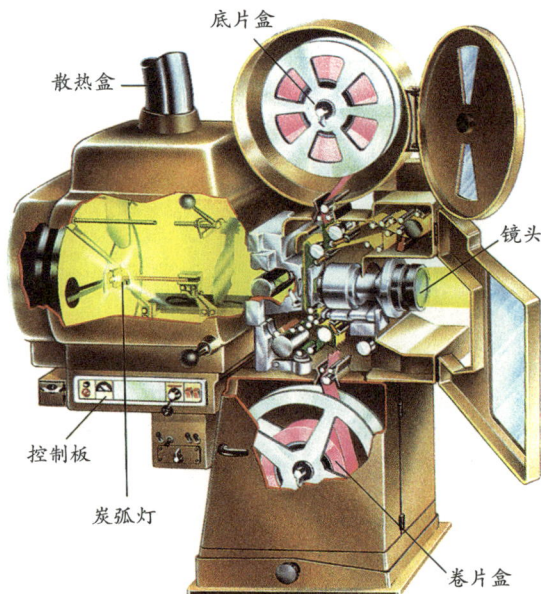

底片盒
散热盒
镜头
控制板
炭弧灯
卷片盒

电影放映机工作时，电流通过炭弧灯发出强烈的白光，足够将一个明亮的影像投射到大屏幕上

立体电影

让观众从银幕上看到有立体感影像的电影。

根据人左、右眼看到景象的差别，用并列的两台摄影装置分别代表人的左、右眼，同时摄取两个影像，将这两个由于视点不同略有偏差的影像，分别由两台电影放映机同时放映在银幕上。观众观看时戴上特殊的眼镜，使每只眼睛只能对应一台放映机放映的画面，两眼看到的画面反映到大脑里就形成很强的立体感，产生身临其境的效果。也有不戴特制眼镜的立体电影，产生立体感的是光栅银幕。

> **小孔成像** 在有针孔的挡板两侧，分别置放物体（如点燃的蜡烛）和光屏。适当调整后，就会在光屏上看到烛焰倒立的实像，这就是小孔成像。小孔成像说明了在同一种均匀介质里光是沿直线传播的。显然，当物体到小孔的距离（物距）小于小孔到屏的距离（像距）时，成缩小倒立的实像；当物距等于像距时成等大倒立的实像；当物距大于像距时成放大倒立的实像。

数字照相机

一种利用光电传感器把静态光学影像转换成电子束的照相机。又称电子照相机。这种照相机在摄像形成技术上与传统的照相机相同，仍具有镜头和机身，并须先行摄制景物的光学影像。不同的是它不用胶卷来记录图像，而是把拍摄下来的图像经电磁转换成数字信号，记录在机内的磁盘里。需要观看时，可直接显示出来，或用打印机输出图像。数字照相机可以照出高质量图片，还可以用电脑进行后期加工和远距离传输，也便于保存。

数字照相机

激光

非天然光，基于受激辐射的光放大过程产生的相干光辐射。能够发射出激光的实际技术装置被称为激光器。激光器主要由工作物质、能量激励装置、光学谐振腔三部分组成。激光器的工作物质有红宝石、二氧化碳、氦氖等。激光器工作时，工作物质从能量激励装置得到能量，再把获得的能量用光的形式放出，放出的能量在光学谐振腔中来回振荡，不断被放大，就形成了激光。激光器常以使用的工作物质命名，如常用的红宝石激光器、氦氖激光器等。

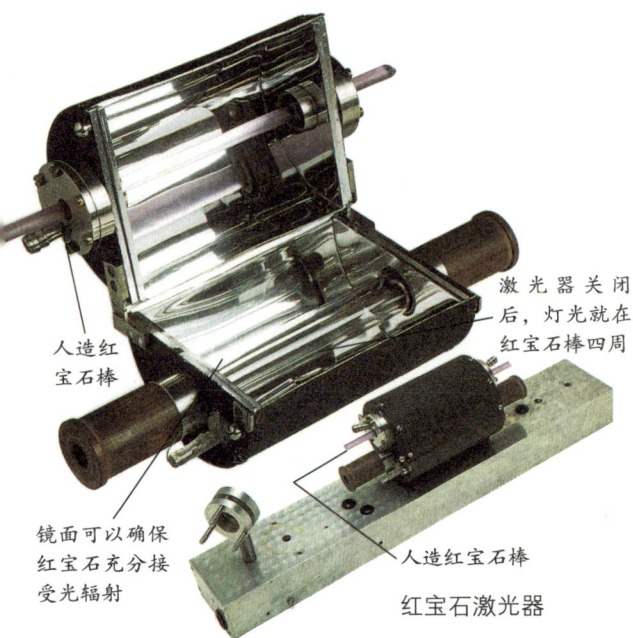

激光具有以下特性：方向性好，单色性强，相干性好，亮度高。

激光有广泛的应用，如激光雷达可用在导航、气象、天文、大地测量、宇宙技术、军事等方面；激光"刀"可用在医学手术上；还有激光通信，激光遥测，激光打孔、切割、焊接，全息摄影，激光照（相）排（版）印刷，激光唱片等。

激光笔

外形似笔的激光器，可以发射出激光。常见的激光笔发射出红色激光。绿色和蓝色的比较少。

利用激光笔可以演示激光的各种特性，因此常用来进行光学实验。此外，老师讲课或科学家进行学术讨论时，有时用激光笔射出的激光照射到演示图形或讲稿的重要部分，以提示学生或听众。

人造红宝石棒

激光器关闭后，灯光就在红宝石棒四周

镜面可以确保红宝石充分接受光辐射

人造红宝石棒

红宝石激光器

激光武器

利用激光束摧毁飞机、导弹、卫星等目标或使之失效的定向能武器。又称激光炮。根据作战用途分为战术激光武器和战略激光武器两大类。根据能量强弱分为强激光器和弱激光器。激光武器主要由高能激光器、精密瞄准跟踪系统和光束控制与发射系统组成。激光武器的优点是：激光束以光速传播，命中率极高；激光束质量近于零，几乎没有后坐力，能迅速变换射击方向，可在短时间内拦击多个目标。激光武器拦截低空快速飞机和战术导弹，在反战略导弹、反卫星以及光电对抗等方面，能发挥独特作用。

激光通信

用极细的玻璃光导纤维制成的光缆代替金属电缆，用激光作载波代替电流来传递信息的通信方式。又称光纤通信。与以往的通信技术相比较，激光通信有4个显著特点：信息容量大，通信质量高，传递图像色彩逼真，保密性能好。

全息照相

用一般照相机照出的图像是平面的，而利用激光技术进行的照相可以记录被摄物体反射或透射光波中的全部信息（振幅、位相），所以称它为全息照相，又称全息摄影。全息照相利用激光的相干性好这一特性，利用干涉记录下全部信息。在全息照片上看到的物体具有立体感，改变观看角度还可以看到物体的侧面甚至背面，使成像栩栩如生。

偏轴式全息摄影所使用的仪器

全息照片必须在相同相干性的激光下欣赏，否则就无法重现原来底片上所记录的三维立体影像。

遥感

在高空或远距离处，利用传感器接收物体辐射的电磁波信息，经加工处理后得到用电子仪器或电子计算机能够识别的图像，揭示被测物体的性质、形状和变化动态的探测方法。遥感系统由遥感器、遥感平台、数据传输系统以及信号处理和判读设备组成。遥感器由许多测量仪器组成，它们能够测量记录被测物体的物理、化学和生物信息的电磁波，将其转换为遥感图像或数据；数据传输系统将信息送给信号处理和判读设备进行分析处理，然后就能将测量物体清晰地显示出来。遥感平台是安装遥感器的飞行器，最早使用的是气球和飞机，后来又使用卫星和航天飞机。根据遥感器工作的电磁波波段，遥感分为可见光遥感、红外遥感、多谱段遥感、紫外遥感和微波遥感等。

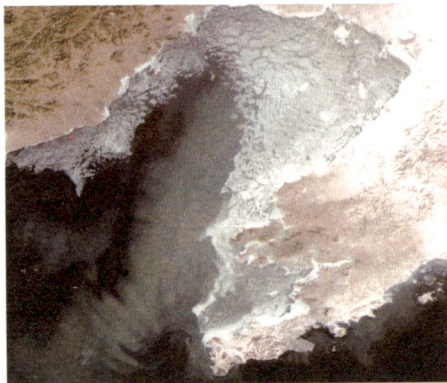

辽东湾海冰遥感图像

遥感技术有着广泛的应用，如进行国土调查、资源探查、监测水文、监测污染源、气象预报、海洋监测、军事侦察等。

波谱特性

所有的物体甚至空气等都能够反射和辐射电磁波，而这些电磁波又记录着物体的物理、化学性质，物体的这种特性被称为物体的波谱特性。遥感时，没有与目标物体直接接触却可以在远处感知到目标物体，这是由于物体的波谱特性为遥感提供了依据。所以，测出物体的波谱特性，就能知道这是什么物体、有什么样的特性了。

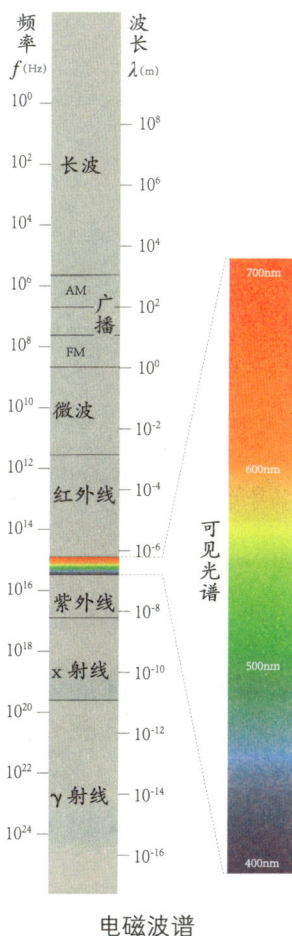

电磁波谱

红外遥感

利用红外辐射信号进行探测的技术。一切物体都在辐射红外线，不同物体辐射的红外线的波长和强度不同，可用灵敏的红外线探测器接收，然后用电子仪器对接收信号进行处理，就可察知被测物体的特征并转变成物体的图像。

此外，利用红外线容易透过烟雾和尘埃的特性，红外遥感可发现隐藏在树丛中的人员和车辆，甚至驶过汽车的热痕、水中的目标都可被发现，还可在夜间工作。所以，红外遥感在许多领域都有应用。

原子核物理学

原子核物理学主要研究原子核的结构和变化规律，以及同核能、核技术相关的物理问题。在对原子核的研究中，人们进一步发现原子核还可以继续分成更小的微粒，比原子核还小的微粒称为基本粒子。这就又产生了一个更新的学科——粒子物理学。原子核物理学今后研究的重点有两个：核素与核反应。

粒子物理学

又称高能物理学，是研究基本粒子的性质、相互作用和转化等的一门科学。

粒子物理学使人们的认识深入到亚原子（或亚原子核）级别，了解到物质的最小构成单元不再是分子、原子，而是夸克和轻子（电子是其中的一种）。认识的尺度分别缩小到原来的 10 亿分之一（相对于原子）和万分之一（相对于原子核）。粒子物理学未来的发展方向主要有三个方面：探索更基本的物质组分、探索自然界基本规律的统一、高能粒子能量的开发问题。

原子钟

利用原子的一定共振频率

而制造的精确度非常高的计时仪器。原子钟的电子元件被某种原子或分子在量子跃迁（能级改变）时发射或吸收的电磁波辐射的频率所调制。由于这种电磁波非常稳定，再加上利用一系列精密的仪器进行控制，原子钟的计时就可以非常准确了。现在用在原子钟里的元素有氢、铯、铷等。

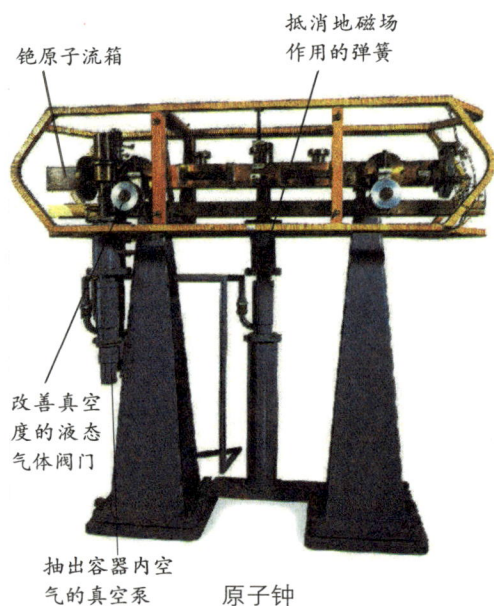

铯原子流箱
抵消地磁场作用的弹簧
改善真空度的液态气体阀门
抽出容器内空气的真空泵
原子钟

核裂变

一个重原子核分裂成两个或两个以上质量为同一量级的

原子核的现象。只有一些质量非常大的原子核像铀、钍等才能发生核裂变。这些原子的原子核在吸收一个中子以后会分裂成两个或更多个质量较小的原子核，同时放出 2～3 个中子和很大的能量，放出的中子又能使别的原子核接着发生核裂变，这种裂变可以持续进行下去，这种过程称作链式反应。

核能，俗称原子能。原子弹的巨大威力就是来自原子能。现在世界上拥有核武器的国家正在增多，为了人类的和平与发展，全世界都在呼吁禁止制造和试验核武器。当然原子能不仅仅能制造核武器，也能为人类造福。利用原子核裂变产生的巨大能量进行发电，是和平利用原子能的有效途径。

哈恩，O.

（1879-03-08 ～ 1968-07-28）
德国放射化学家。1938 年发现重核裂变反应。其意义不仅在于中子可以把一个重核打破，关键在于中子打破重核的同时释放巨大能量。核裂变的发现使世界开始进入原子能时代。哈恩因此获得 1944 年诺贝尔化学奖。但为了不让当时统治德国的纳粹政权掌握原子能技术，哈恩拒绝参与任何有关这方面的研究。

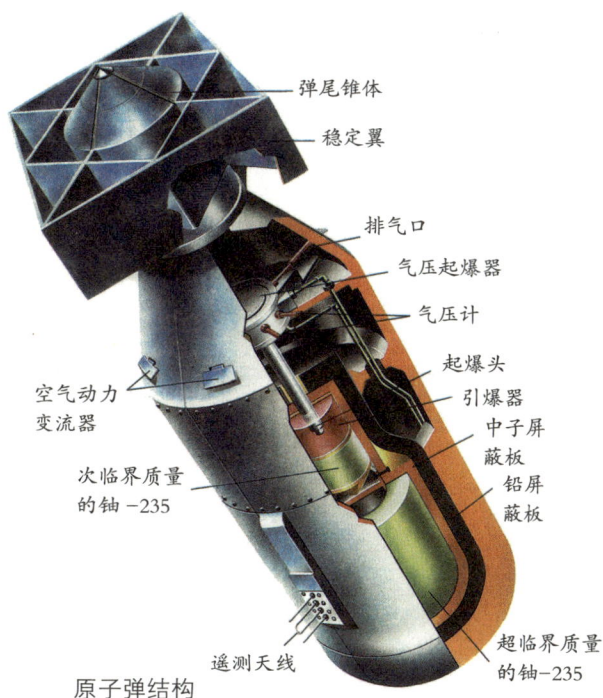

原子弹结构

弹尾锥体
稳定翼
排气口
气压起爆器
气压计
起爆头
引爆器
中子屏蔽板
铅屏蔽板
空气动力变流器
次临界质量的铀-235
遥测天线
超临界质量的铀-235

原子核在发生核裂变时，释放出巨大的能量，称为原子

核聚变

两个质量数很小的轻原子

核聚合成一个较重核的反应。核聚变的原料是海水中的氘（重氢）。核聚变会放出比核裂变更加巨大的能量。太阳内部连续进行着氢聚变成氦的过程，它的光和热就是由核聚变产生的。目前人们只能在氢弹爆炸的一瞬间实现非受控的人工核聚变。要利用人工核聚变产生的巨大能量为人类服务，就必须使核聚变在人们的控制下进行，即研究受控核聚变。

核电站

在原子核反应堆中利用可控核裂变释放出的能量来发电的设施。核电站大体可分为两部分：一部分是利用核能生产蒸汽的核岛，包括反应堆装置和回路系统；另一部分是利用蒸汽发电的常规岛，包括汽轮发电机系统。核电站用的燃料是铀。用铀制成的核燃料在一种叫"反应堆"的设备内发生裂变而产生大量热能，再用处于高压力下的水把热能带出，在蒸汽发生器内产生蒸汽，蒸汽推动汽轮机带着发电机一起旋转，电就源源不断地产生出来，这就是最普通的压水反应堆核电站的工作原理。

世界上最早的核电站是1954年在苏联建成的。现在世界上已有400多座各种类型的核电站。在一些国家，核电站的发电量已占据整个国家全部发电量的很大比例。

量子理论

揭示原子结构、原子光谱的规律性、化学元素的性质、光的吸收与辐射等微观物质世界基本规律的理论。量子理论给我们提供了新的关于自然界的表述方法和思考方法。以量子理论为基础的量子物理学与牛顿经典物理学一起构成了现代物理学的两大基石。

量子理论的创建是许多科学家共同努力的结果。1900年，德国柏林大学教授M.普朗克在解释黑体辐射规律时引入了能量子概念。1906年12月14日，普朗克在柏林的物理学会上发表论文，提出了著名的普朗克公式，这为量子理论的建立打下了基石，这一天也被普遍认为是量子物理学诞生的日子。随后，许多世界著名的科学家都为量子理论的建立和发展做出了重要的贡献，如A.爱因斯坦、瑞利、N.玻尔、L.V.德布罗意、W.K.海森伯、M.玻恩等。

尽管许多人对量子理论的含义还不太清楚，但它在现实中获得的成就却让我们知道了它的威力。例如，用量子理论可以解释原子如何键合成分子；用量子理论来研究晶体，可以解释为什么银是电和热的良导体却不透光，金刚石不是电和热的良导体却透光。正是在量子理论很好地解释了处于导体和绝缘体之间的半导体的原理后，人们才发明了晶体管，从而开创了全新的信息时代。它用很小的电流和功率就能有效地工作，而且其尺寸可以做得很小。

基本粒子

构成物质的最基本的组分，泛指比原子核还要小的物质单元，包括电子、中子、质子、光子以及在宇宙射线和高能原子核实验中发现的一系列粒子。自1897年物理学家J.J.汤姆孙发现电子以来，已发现几百种基本粒子。根据基本粒子的质量、寿命、自旋以及参与的相互作用等性质，可将其分为轻子、强子（重子、介子），以及相互作用的传递子等。许多基本粒子都有对应的反粒子。一对正反粒子相遇时，会同时消失而转化为其他粒子，这种现象叫作湮灭（湮没）。现在，人们已经意识到，基本粒子也不是组成物质的基本单元，它也是由更基本的微粒组成的。科学家们正努力探索，继续深入了解物质组成的秘密。

夸克 基本粒子如此之多，难道它们真的都是最基本、不可分的吗？科学家们一直在研究这个问题。已有大量实验事实表明至少强子是有内部结构的。1964 年，美国科学家 M. 盖耳－曼借用文学著作中的名字对 3 种粒子进行命名，提出了夸克模型，认为介子是由夸克和反夸克所组成，重子是由 3 个夸克组成。后来，科学家们陆续设想出"上、下、奇、粲、顶、底" 6 种夸克，并用它们解释微观世界的现象。

电子

带有单位负电荷的一种基本粒子，是人们最早发现的基本粒子。所有原子都是由一个带正电荷的原子核和若干带负电荷的电子组成的。

1897 年，英国物理学家 J.J. 汤姆孙做出结论：阴极射线是由比氢原子小得多的带负电

的粒子所组成。由于一系列成功的实验，他被科学界公认是电子的发现者。电子的发现揭示了原子具有内部结构，打破了千百年来认为原子是组成物质的最小单元的学说。

放射性同位素

具有放射性的同位素。同位素是同一化学元素中具有不同质量数的一些原子品种。如 ^{12}C 和 ^{14}C。铝核被 α 粒子击中后发生的反应中，生成物是磷的一种同位素，它有放射性，像天然放射性元素一样发生衰变，衰变时放出正电子。人工方法得到放射性同位素是一个重要的发现，使人们知道能够制造放射性同位素，不再受天然放射性同位素只有 40 多种的局限，使放射性同位素的应用更广泛。放射性同位素的应用主要有两大类：一是利用它的射线，二是作为示踪原子。

核磁共振

具有磁矩的原子核在恒定磁场中由电磁波引起的共振跃迁现象。核磁共振的发现，跟核磁矩的研究紧密相关。分子束磁共振方法在 1945 ~ 1946 年取得了突破性的进展。通过磁共振的精密测量，1946 年 E.M. 珀塞耳用吸收法、F. 布洛赫用感应法几乎同时发现物质的核磁共振现象。利用功能性核磁共振成像技术对人类大脑的成像是该领域的一项重要应用，如追踪中风病人重新恢复活动能力时的大脑活动的变化。

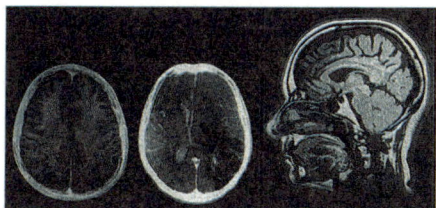

用核磁共振层析术"拍摄"的脑截面图像

粒子加速器

用电场加速带电粒子，并用电磁场控制粒子轨道的装置。按粒子运动的轨道形状，粒子加速器可分为直线形加速器和圆形加速器两大类。粒子加速器是科学家用来轰开基本粒子大门的"大炮"。该设备是一个能将其内部粒子的速度提高到接近光速的管状设备，它还能将粒子分裂，从而研究宇宙的微小粒子。

对撞机

将两束带电粒子同时加速到高能量后，实现相向对撞的高能粒子加速器。通常的粒子加速器不论用什么方法加速，最终都是用高能粒子去轰击静止的目标，这样只有很少一部分能量被用来促使粒子发生反应。随着研究的深入，需要设法使高能粒子的能量更多地被用来发生反应，对撞机就是为了这个目的建造的。

对撞机能加速、积累、储存带电粒子并在其中使两束相向运动的粒子对撞。按对撞的粒子种类，有正负电子对撞机、电子—质子对撞机、质子—反质子对撞机等。2012 年，欧洲核子研究组织在利用大型强子对撞机进行的实验中探测到希格斯玻色子的存在。

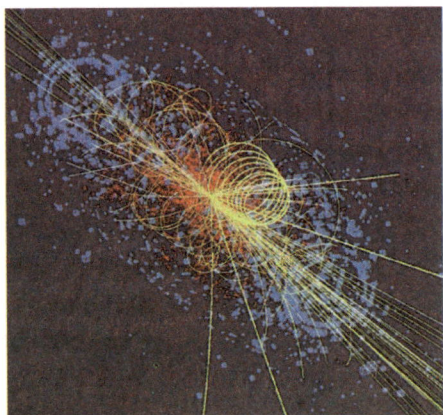

希格斯玻色子模拟图

瓦特，J.

（1736-01-19 ～ 1819-08-25）

英国发明家、机械师。生于英国苏格兰的格里诺克。瓦特年轻时在苏格兰拉斯哥大学从事修理仪器工作。

瓦特

1764 年在修理一台纽可门式蒸汽机后，开始对蒸汽机进行改进。1765 年设计出一种与汽缸分离的冷凝器。1781 年其雇员发明行星齿轮，将蒸汽机的往返运动变为旋转运动。1788 年发明离心调速器的节气阀。1790 年发明压力表。这些发明使瓦特蒸汽机配备齐全，日益完善，被广泛使用于生产或运输。为了纪念瓦特为人类做出的贡献，人们将功率的单位命名为"瓦特"。

汤姆孙，J.J.

（1856-12-18 ～ 1940-08-30）

英国物理学家。生于曼彻斯特。汤姆孙测量了阴极射线的速度，否定了阴极射线是电磁波。他又通过阴极射线在电场和磁场中的偏转，得出了阴极射线是带负电的粒子流的结论。他进一步测定了这种粒子的荷质比，与当时已知的氢离子的荷质比相比较，发现阴极射线粒子的质量比氢原子的质量小得多。他还给放电管中充入各种气体进行试验，发现其荷质比跟管中气体的种类无关。由此他得出结论，这种粒子必定是所有物质的共同组分。汤姆孙把这种粒子叫作"电子"。1884～1919年担任卡文迪什实验室教授。1906年获诺贝尔物理学奖。

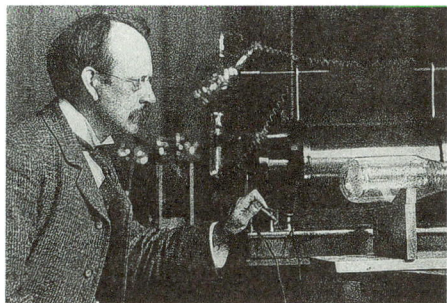

居里夫人

（1867-11-07 ～ 1934-07-04）

波兰裔法国物理学家和放射化学家。生于波兰华沙。居里夫人一生从事放射性元素的研究工作。她和丈夫经过长期艰苦的努力，在1898年分析出放射性比纯铀要强400倍的新元素——钋。同年12月，他们又发现了另一种新元素——镭。由于这些重大的发现，居里夫妇与H.贝可勒尔共同获得1903年诺贝尔物理学奖。1906年，居里因车祸不幸去世。居里夫人从悲伤中振作起来，后来她提炼出纯氯化镭，并分析出纯镭元素，还测定了氡及其他很多元素的半衰期，并研究出放射性元素的衰变关系。由于这些重大的成就，居里夫人于1911年再次获得诺贝尔化学奖。

居里夫妇工作之余最主要的休闲活动是骑自行车旅行

卢瑟福，E.

（1871-08-30 ～ 1937-10-19）

英国物理学家。生于新西兰岛纳尔逊南部。1895 年进入剑桥大学卡文迪什实验

卢瑟福

室，成为 J.J. 汤姆孙的学生。1896 年发现了铀射线由两种成分组成——易被吸收的 α 射线和穿透性强的 β 射线。同时他还根据实验预言了一种穿透能力更强的射线——γ 射线。1902 年卢瑟福首先发现了放射性元素的半衰期，提出放射性是元素自发衰变现象。1905 年他应用放射性元素的含量及其半衰期，计算出太阳的寿命约为 50 亿年，开创了用放射性元素半衰期计算矿石、古物和天体年纪的先河。卢瑟福以特有的洞察力和直觉，抓住 α 粒子轰击原子时发生 α 粒子急转弯

的反常现象，从原子内存在强电场的思想出发，1911 年构思出原子的核式结构模型。

1919 年卢瑟福继汤姆孙之后，担任卡文迪什实验室领导，将卡文迪什实验室的研究发展到一个新的高峰，将物质微观结构的研究推向崭新的阶段，同时也培养出了许多青年科学家，包括 10 位诺贝尔奖获得者。

爱因斯坦，A.

（1879-03-14 ～ 1955-04-18）

犹太裔美国科学家。1905 年，爱因斯坦在 3 个不同领域中都取得了重大突破：光

爱因斯坦

量子理论、分子运动论和狭义相对论。当时他不过 26 岁，所有研究只能利用业余时间来进行，而且没有名师指导。这在

科学史上是史无前例的。此后，他经过 8 年的艰苦努力，又创立了广义相对论。

　　1921 年爱因斯坦因发现光电效应获得诺贝尔物理学奖。

玻尔，N.

(1885-10-07 ～ 1962-11-18)

　　丹麦物理学家。生于哥本哈根。因研究原子结构及其辐射的出色成就，获 1922 年诺贝尔物理学奖。

玻尔

　　玻尔最重要的贡献是在量子物理学方面的建树。20 世纪初，玻尔和其他一些科学家经过辛勤的工作，建立了量子力学，展示了自然界更深奥的秘密，告诉人们物理学中还有无数未知的领域等待探索。量子力学的建立，还使人们对整个世界的认识前进了一大步。

哥本哈根理论物理学研究所　正式成立于 1920 年，是当时国际物理学的三大研究中心之一。物理学家 N. 玻尔是它的创始人并担任负责人直到逝世。这个集体形成了闻名于世的理论物理学派——哥本哈根学派。20 世纪物理学最重要的成就之———量子力学就是在这里发展起来的，还前后出现了十几位诺贝尔物理学奖获得者。为了纪念玻尔，哥本哈根理论物理学研究所于 1965 年改名为玻尔研究所。

查德威克，J.

(1891-10-20 ～ 1974-07-24)

　　英国实验物理学家。生于曼彻斯特。查德威克是卢瑟福的学生。1931 年，居里

查德威克

夫妇公布了关于石蜡在"铍射线"照射下产生大量质子的新发现。查德威克意识到，这种"铍射线"很可能是由中性粒子组成的，这是解开原子核质量之谜的钥匙。通过实验查德威克发现，这种粒子的质量和质子一样，而且不带电荷。他称

这种粒子为"中子"。查德威克因发现中子的杰出贡献，获得1935年诺贝尔物理学奖。

费米，E.

（1901-09-29 ～ 1954-11-28）

美籍意大利物理学家。生于意大利罗马。费米对统计物理、原子物理、原子

费米在实验室里

核物理、粒子物理、中子物理都有重要贡献。由于发现慢中子核反应及其产生的新核素，他获得了1938年诺贝尔物理学奖。

此外，费米为人类和平利用原子能做出了开创性的工作，因而人们称他是原子时代的开创者之一。为了纪念费米的卓越贡献，人们将用轰击原子方法得到的第100号新元素命名为"镄"。